U0142313

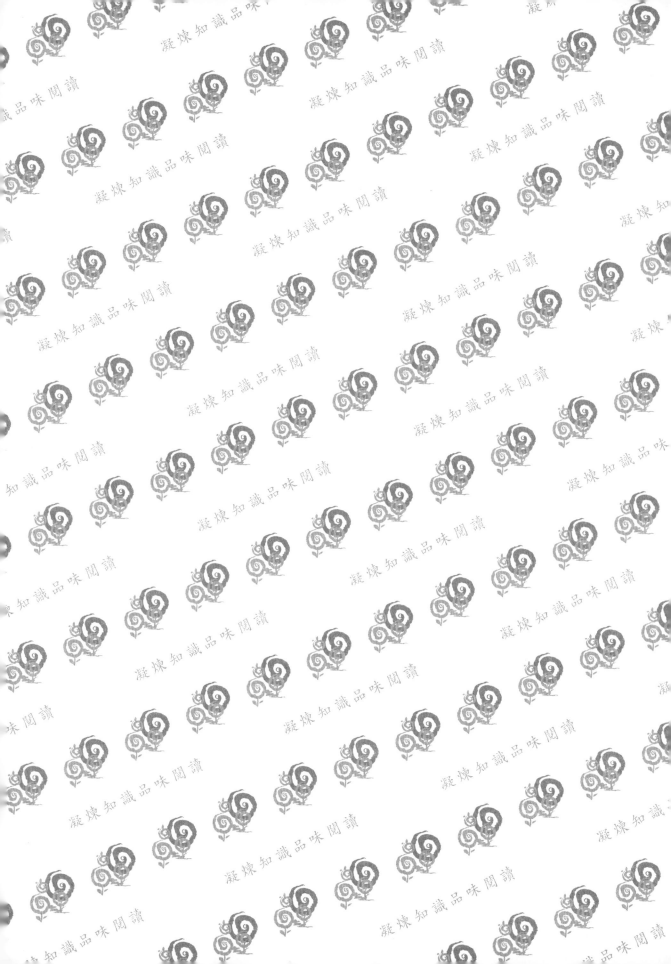

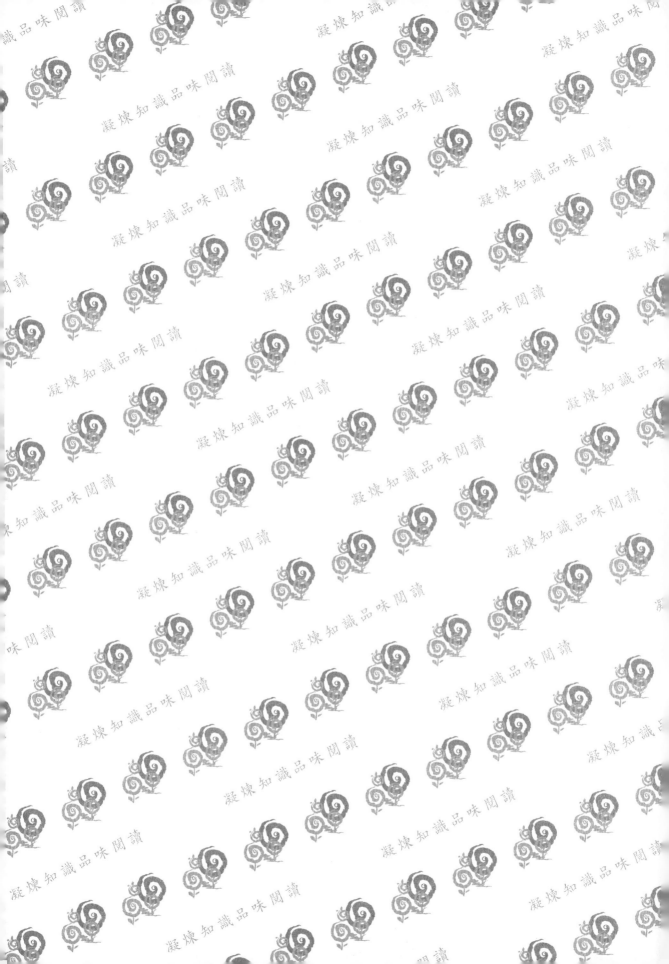

有機農業

Organic Agriculture

王鐘和　著

五南圖書出版公司　印行

　　個人與有機農業結緣，要從民國 69 年 8 月至農業試驗所總所農業化學系肥料暨植物營養研究室服務說起，當時從事作物施肥技術、農田地力增進及植物營養研究。初期執行的計畫都是採慣行栽培方式（施用化學農藥及化學肥料），與同事在試驗田區噴農藥時，曾數次感受農藥帶來的身體不適。也在臺灣各地區租賃農地從事試驗的過程中，了解有不少的農友因為長期噴農藥，嚴重影響健康，甚而過世。民國 84 年起，國內各農業試驗場所開始展開有機農業科技研究，個人也於 84 年及 86 年起分別執行施用有機質肥料與有機栽培的長期試驗。期間代表農試所擔任農委會有機農產品驗證輔導小組委員，之後在 95 年擔任農委會有機畜產品驗證輔導小組委員。92 年時政府在農業科技研究增設有機農業分組，個人也獲農委會李金龍主任委員聘任為有機農業分組的評議委員。

　　民國 93 年 8 月起至屏科大擔任教職，在學校開設有機農業學程相關課程，並設立通過有機驗證的試驗農場，也辦理甚多與有機農業有關的訓練班與研習會。並擔任全國認證基金會有機驗證機構審議小組委員兼召集人十幾年至今，不少人問我：「你一定很忙很累。」其實不然，我樂在其中，因為我有更多機會把有機農業的優點、知識和技術傳授給學生、農友及社會人士。對我來說教導推廣有機農業不只是一個職業，而是志業。為臺灣的有機農業奉獻，是很重要的事，只要有機會，我要為臺灣有機農業的發展盡力去做。近幾年來在臺灣各縣市每年辦理三十場的消費者有機農業教育宣導會，希望讓消費者了解有機農業，分辨市面上各種農耕法和有機農業的差別，請他們思考有機農業的意義及重要性。與大量消費者面對面的溝通後，發現很多消費者是搞不清楚的。只要消費者能了解、認同，就會支持並協助推廣，進而能促進臺灣有機農業加速發展。

　　也因為在過去的時間，經常有農友及社會人士提及並鼓勵希望著者能撰寫一本適合大眾淺顯易懂的有機農業書籍，讓更多人了解有機農業正確的理念。因此，

著者將以往撰寫的資料及個人歷年累積的心得及相關農業的知識，撰寫成《有機農業》一書。希望讓學生、農友及社會大眾對有機農業有進一步的認識，促進更多人支持和參與有機農業，加速臺灣有機農業的發展，造福國人。惟因有機農業牽涉之知識甚廣，限於個人所學有限，雖仍嫌內容不盡完善，倉促付梓，遺漏謬誤難免，敬請各方不吝指教。

王鐘和 謹識

CONTENTS · 目錄

CHAPTER 1

緒論

近代的農業為了提高產量與防止病蟲草害的發生，施用大量的化學肥料及化學農藥，導致生態的破壞及土壤品質劣變，也對人體造成傷害及影響農業的永續經營。永續農業的特質在於同時兼顧農業生產與自然生態之保育。目前國內外推行的有機農業即為永續性農業之一種，主要倡導自然物質的循環利用，不使用合成化學物質，維護生態及土地之永續利用。

　　國外有機農業歷經百年的發展演變，從較鬆散不施用化學合成物質，到倡導養分循環利用的友善環境及生態保育等理念，進而建立各種有機農業的法規及驗證制度，依據國際有機農業運動聯盟（International Federation of Organic Agricultural Movement, IFOAM）（2022）公告之 2020 年全球有機驗證面積達約 7,500 萬公頃，實屬不易。我國有機農業的發展則歷經：(一) 評估與試作階段（1986～1999）；(二) 訂定行政命令層級的法規（1999～2007）；(三) 立法通過《農產品生產及驗證管理法》（2007～2018）；(四) 立法通過《有機農業促進法》（2018～迄今）等四個階段，才有今日有機驗證農田面積約達 12,000 多公頃的成果。有機農業倡導循環利用有機物質，培育健康的土壤，生產健壯的作物，並建立適宜各地環境之輪間作制度，除了營造複雜的作物歧異化外，可更加入多樣的動物（畜產與水產），締造生物複雜之生態平衡系統，藉以透過生物控制，來達到降低病蟲草的危害，更可減輕因氣候變遷而導致之減產，生產足夠養活人類生存的有機動植物產品。生產化學合成物質需要消耗大量能源及排放眾多的二氧化碳，而有機農田不使用化學合成物質，便能降低能源的消耗，且可增加土壤有機碳的含量，亦即將有機農田作為碳儲積的場所。有機農業具有維護人畜健康與保育環境生態及生產安全質優產品的特性，對於農業的永續經營甚為重要。

　　了解正確有機農業的理念與國內外的發展歷程、相關法規及驗證基準才能正確施行有機農業。而滋養萬物的土壤則是農業生產之根本，更是有機農業發展的基石，有高品質的土壤，才能培育健壯的作物。如何循環各種有機物質以培育高品質的土壤，以及在有機農場建立適地適作的輪間作制度，以創造生物多樣化、生態保育的系統，達到生物控制來減少病蟲草的危害及不施用化學合

成物的境界，甚為重要。其次，目前已建立有機農業之病蟲草害綜合管理及相關非化學農藥管理技術與資材利用亦頗為重要。另外，妥善運用農產品加工的方法，延長農產品的儲藏壽命，打破生產季節及產地區域的限制，可以提供消費者食物多樣化的選擇及方便性。對有機農民而言，生產與行銷一樣重要，尤其有機生產成本較高，若無適當的行銷通路及策略，只能以一般農產品價格出售時，將導致虧損而無法經營。良好的有機產品加工與行銷，對促進有機產品的銷售、農友的收入與產業的發展甚有助益。而有機畜產品及有機水產品的發展，因我國起步較晚，成果較少，亦值得加強推行。

爰此，本書依序針對永續農業與有機農業的理念（第二章）、國際有機農業的發展（第三章）、臺灣有機農業的發展（第四章）、國內有機農業的法規與驗證基準（第五章）、有機農業對環境與人類健康的影響（第六章）、有機農業的土壤管理（第七章）、有機農業的輪間作制度（第八章）、農牧廢棄物質循環在有機農業的應用（第九章）、有機農田土壤有機質的管理策略（第十章）、各類作物有機栽培的土壤肥培管理技術（第十一章）、微生物肥料與微生物農藥的應用（第十二章）、有機農業的病蟲草害管理（第十三章）、有機畜產品與水產品的發展（第十四章）、有機農產品加工與行銷（第十五章）、有機農業的教育與推廣及未來展望（第十六章），作一系列的論述。以提供各界人士參考，為促進有機農業的發展略盡棉薄之力。

CHAPTER 2

永續農業與有機農業的理念

一、前言

　　19 世紀末，因科技的進步，開始引進化學肥料作為農業生產資材。由於化學肥料之營養元素成分含量高，利於搬運與施用，故發展相當快速。近 70 多年來，配合化學農藥應用於病蟲害防治及控制雜草，以及作物品種的改良與栽培技術的大幅改進，加上水利設施的建置等，使農業生產得以快速發展。現行的農業生產雖然可以大量增產而解決人類的糧食問題，但長期大量施用化學肥料與化學農藥後，衍生之農產品的農藥殘留及環境的污染問題，有逐漸嚴重之虞，並被大眾所重視。

　　為追求農業經營利益，目前盛行的農耕方式是採用高投入的集約式化學農法，其特色包括種植單一種類作物（甚至單一品種），以及大量使用化學肥料、除草劑及化學農藥。且由於一年之中耕作次數增加，致使表土裸露的機會增加，大部分的雨水經由表土流失，易使肥沃的表土被沖蝕，也使滲入土壤中的水量減少，而不利於地下水的涵養（王鐘和，2021）。

　　長期採用化學肥料的栽培方式，容易使土壤中的營養元素失去平衡，或使土壤物理性劣變，而產生作物生長受阻，甚至有營養失衡的問題。至於化學農藥的使用，不僅殺死害蟲，連有益昆蟲也一併殺死。經常施用化學農藥的結果，常引發病菌與害蟲的抗藥性。因此，施用化學農藥不僅有農藥殘留影響食品安全之虞，亦可能加重病蟲危害的問題。此外，這些化學物質的使用，由於資源無法回收，每年必須不斷地投入，因而造成能源浪費。長此以往，將導致土壤品質劣化及有機質嚴重缺乏，不僅使未來後代子孫無適當的可耕地使用，更因日後農業環境嚴重破壞，影響農業的永續經營。因此，我們需建立一個可以替代當前以化學資材為主的農業生產體系，實行以不施用化學肥料及化學農藥為主的有機農業（Organic Agriculture）或恢復以往的自然栽培式農業，許多有識之士乃大力推展永續農業與有機農業。

二、永續農業的理念

農業生產體系是綜合性的，由 (1) 自然條件（土地、水等）；(2) 經濟面（投資與生產）；及 (3) 人的資源（勞動力）所組成。人類使用這三種資源，加上適當的管理技術來生產食物、纖維及其他產品。自從有了減少使用化學藥品及加強生態保育之觀念後，出現了多種新興的農法。例如：(1) 永續農法（Sustainable Farming）；(2) 自然農法（Natural Farming）；(3) 生態農法（Ecological Farming）；(4) 生物動態農法（Biodynamic Farming）；(5) 再生農法（Regenerative Farming）；(6) 低投入農法（Low Input Farming）；(7) 替代農法（Alternative Agriculture）及 (8) 有機農法（Organic Farming）等（王銀波，2001；林俊義，2001；黃山內，1989；謝順景，1989，1993）。各種農法的定義如下：

（一）永續農業（Sustainable Agriculture）

永續農業一詞譯自英文 Sustainable Agriculture，從字面上來看可分成「永續」與「農業」兩部分，有永遠持續發展農業之意。根據 Lockeretz（1988）的定義，「永續農業」，是一非常廣泛的名詞，為包括以解決全世界農業問題的種種策略在內的農業方式。永續農業之考慮層面除必須涵蓋經濟面外，亦需考慮到環境的影響及社會大眾的接受與否。永續農業為「維護土地、水與動植物基因資源，且技術性適合、經濟上可行、社會可接受與不會造成環境劣化的生產管理系統」〔聯合國糧農組織（Food and Agriculture Organization of the United Nations, FAO），1988；Keeney, 1990〕。

永續農業基本上是一個農業生產系統，是相對於慣行農業的一個統稱，其發展具有幾個特點：(1) 追求公平性：包括人類目前及以後世代間的公平性，後代子孫要享有和我們一樣的農業和自然資源；(2) 追求食物充分性：確保動植物類的食物生產足以供全人類之糧食所需；(3) 追求環境監控性和生態適當性：農業生產要減少傷害環境的物質投入，能維持自然資源回復能力，維護生

態系統的平衡；(4) 維持社會和經濟面的存續能力，亦即農業經營應可同時維持農民經濟上的生存和生活品質，同時受到社會的支持（Pretty, 1995；Rigby and Cáceres, 2001；董時叡，2021）。

林俊義（2001）指出永續農業為廣泛持久性農業生產，包括水土保持、生態保育及有機農作物的生產等。其理念涵蓋農業生產對環境的影響、社會大眾接受與否及經濟的利益。而內涵包括：(1) 維護自然生態環境；(2) 維持土壤之生產力及其易耕性，以充分供給作物的養分；(3) 水資源之淨化、涵養及水土保持；(4) 輪作、間作或有機質肥料施用；(5) 病蟲、雜草之非化學農藥防治。

（二）自然農法（Natural Farming）

1935 年日本岡田茂吉先生所提倡的自然農法為現今所謂之永續農業經營理念之一種，倡導建立不施用外來化學物質（包含肥料、農藥或其他化學物質），遵循自然法則的耕作方式，主張土壤是有生命力的物質，應該以天然有機物質來培育土壤。有健康土壤，才會有健康的作物，設法使土壤原有生產力發揮出來，以生產安全高品質的農產品。岡田茂吉先生在日本建立了自然農法普及協會，來推動自然農法之理念與作法。

（三）生態農業（Eco-agriculture, Ecological Agriculture）

美國土壤學家 W. Albrecht 在 1970 年首先提出此名詞，而在 1981 年由英國農學家 M. Kiley-Worthington 定義為在生態上能自我維持、低投入且經濟上有生命力，在倫理和審美上可接受的小型農業。

（四）生物動態農業（Biodynamic Agriculture）

19 世紀初期當化學農業（或稱慣行農業）發展的同時，部分農業科學家持不同意見，認為應以自然模式來發展農業，反對化學合成物質，主張以生物動態原理來發展農業。此種農業包含避免使用化學合成物質、生物多樣化、資源回收利用及分散式生產等原則。1924 年 Steiner 將之定義為是種調和的農藝和園藝耕作技術，多角型的、循環性的農業栽培經營方式，根絕使用有目的之

化合物，使農業呈分散性生產及分布於各地區，是利用生物動態學原理來管理土壤、植物、肥料的農業。

（五）再生農業（Regenerative Agriculture, Renewable Agriculture）

此名詞是對照於現行的化學農業（Chemical Agriculture）而產生的，希望把農業由不健全狀態拉回到本來應有的農業型態，強調農業的再生性功能。

（六）低投入持久性農業（Low Input Sustainable Agriculture, LISA）

是指減少能源（例如化學肥料、農藥、機械化等）投入的農業耕作制度，不但可降低其生產成本，還可維持良好的土壤生產力及維護自然環境。

（七）替代農業（Alternative Agriculture）

此詞係泛指所有為克服化學農業所帶來的危害而可替代的農業模式，以生態學為其基本指導思想，包括有機農業、自然農業、生態農業及生物動態農業等。

（八）有機農業（Organic Agriculture）

有機農業是實施有機農法的農業，有機農業屬於永續農業範圍之一部分，注重於動植物栽培或飼養過程中，避免因使用化學農藥、化學肥料、生長調節劑、飼料添加物等所引起地面及地下水的污染，以及農藥殘毒或引起土壤劣變等問題（鄧耀宗，2004）。有機農法包括了技術面（土壤、農耕、病蟲草害管理及生態系統營造）、經濟面（成本、產量及運銷）及人類健康面的綜合性農耕方式。

三、有機農業之理念

Liehardt 和 Harwood（1985）認為有機農業是一種儘量少用或避免使用化學肥料及合成農藥，藉與豆科植物輪作，並利用農場內外廢棄物及含植物營養之天然礦石等方式，以維護地力之耕作方式。由於有機農業使用有機生產資材

及天然礦石，故亦稱自然農業。

依據美國農業部在 1980 年所訂的規範，有機農業是一種不使用化學肥料、農藥、生長調節劑及飼料添加物之生產方式，包括 (1) 維持土壤之生產力及其易耕性，以充分供給作物所需養分；(2) 以輪作方式，施用作物殘渣、家畜禽糞尿、綠肥作物、有機性廢棄物及含無機養分之天然礦石；(3) 用機耕法來防治雜草及作物病蟲害。而國際有機農業運動聯盟（International Federation of Organic Agricultural Movement，簡稱 IFOAM）的定義則為：有機農業是可持續維護土壤、生態系統及人類健康的一種生產體系，並依靠著適於當地環境的各種生態過程、生態多樣性及各種生物循環等，而非利用一些會造成負面作用的資源及資材以達成上述之永續效果（IFOAM, 1994）。實施有機農業可綜合對共享環境有利的傳統、創新及科學的所有方法，促使與環境中所有相關生物之間的公平、正常的關係及優質的生活品質。

而依據聯合國有機標準（Codex Alimentarius）定義，有機農業是一種促進及加強農業生態系健康的整體系統管理方法，包括增加生物多樣性、促進生物循環及提升土壤生物活性。其管理作業應著重利用農場內部資源與物質，以及搭配適合當地環境條件的管理措施。有機農業生產系統中應採行栽培、生物及機械方法，並排除化學合成物質的使用。簡而言之，有機農業為「一種促進和強化農業生態系統健康——包括生物多樣性、生物循環與土壤生物的活性——的整體性生產管理系統」（FAO/WHO Codex Alimentarius Commission, 2013）。

臺灣在 2003 年 9 月修訂公告之「有機農產品管理作業要點」，將有機農業定義為「遵守自然資源循環永續利用原則，不允許使用合成化學物質，強調水土資源保育與生態平衡之管理系統，並達到生產自然安全農產品目標之農業」。而 2018 年立法頒布之《有機農業促進法》中的定義為「為基於生態平衡及養分循環原理，不施用化學肥料及化學農藥，不使用基因改造生物及其產品，進行農作、森林、水產、畜牧等農產品生產之農業」。

另歸納現今國內外眾多國家之有機農業驗證規範的共同作法有以下原則：

「使用的有機物質不能影響環境生態及健康安全，而化學物質使用於治療動植物病症、維護環境及器具衛生清潔，且對人畜健康與環境無不良影響者，則有條件允許使用，且禁用基因轉殖的物種及資材」。

四、IFOAM 有機農業的原則

國際有機農業運動聯盟（IFOAM）在 1980 年訂定之有機農業實施原則為：(1) 儘量在一個封閉完整的系統（Closed System）中實施，並利用當地的資源；(2) 維持土壤永續的生產；(3) 避免各種農業管理措施所產生的污染；(4) 採用最少石油燃料用量的農業管理；(5) 提供符合所飼養動物的生理需求及人道原則之生活環境；(6) 讓有機農業經營者不但可從工作中獲得溫飽，更能發揮出人類的潛能；(7) 生產高營養品質及高產量的糧食（IFOAM, 1980）。

另外，2005 年在澳洲舉行 IFOAM 的大會中通過有機農業的四個原則如下（IFOAM, 2005）：

（一）健康原則（Principle of Health）

有機農業應該將土壤、植物、動物、人類和地球作為一個不可分割的整體，必須維持和增強其整體及個別的健康。

（二）公平原則（Principle of Fairness）

有機農業應該建立在確保人與人之間的共同環境和生活機會上之公平關係。

（三）生態平衡原則（Principle of Ecological Balance）

有機農業應該以活的生態系統和生態循環為基礎，追求與它們共處，模仿它們並幫助維持它們的永續。

（四）謹慎／關懷原則（Principle of Care）

應以審慎和負責任的方式管理有機農業，以保護現今與後代子孫的健

康、福祉和環境。

　　Principle of Care 被翻譯為謹慎原則或關懷原則，看似不同，但兩者間並不相違背，有機農業的宗旨在保護現代人及未來世代生存環境及健康安樂，就是本於關懷與慈悲的胸懷，其所牽涉的層面甚廣，在訂定相關的法令規範時，本來就應該基於審慎與負責的態度，也就是要謹慎。筆者認為關懷之譯詞更可提醒要關懷剛開始實施有機農業（有機轉型期）的農友，讓他們獲得更多的關心與協助，以堅持有機之路。另外，針對在社會上的弱勢族群更要給予關懷與幫忙，讓他們有機會了解有機農業，分享有機產品，因而在未來成為有機農業的支持者。

五、有機農業之實施原則

　　有機農業除了維護食品安全外，尚有資源循環利用與生態保育以確保人類永續生存與發展的目標。要達到其生產具穩定性、生態平衡、生物多樣性、經濟上可維持及社會可接受之目標，應有適當的實施原則，如下：

（一）適地適作

　　每一種作物都有其獨特的生長環境需求，不同的作物或品種對環境需求並不相同，有機農場經營者可將適合於該農場栽培的作物種類列出，再選擇具有經濟價值的作物，於適當的季節栽培，也就是所謂適地適作。

（二）善用有機物質，培育土壤的永續生產力

　　有機物質對作物生產的影響，分為直接與間接的功能：直接的功能是供應植物生長所需的養分；間接的功能則是透過其對土壤物理、化學及生物性質的改善，進而促進植物生長。故如何善用有機物質，提升土壤品質，增進其永續性的生產力頗為重要。

（三）建立合理的輪間作制度，營造生物多樣性

有機農耕法因在生產資材及人工費用等方面都較慣行農耕法增加，常影響經營效益。為提高經營績效，可採輪作及間作方式進行。適當的輪作及間作制度可增進土壤肥力，營造生物多樣性，可藉由複雜生態系中的生物控制系統，減少病、蟲及雜草等之危害，並消除連作之障礙，而增進產品的產量與品質，增加收益。合理的輪作體系宜考慮肥料供應、作物養分吸收、病蟲及雜草控制等問題。在肥料供應方面，由於施用有機質肥料之成本比化學肥料高出許多，是推廣有機農業阻力之一。為解決此一問題，增加各種作物殘體循環回歸土壤中，可利用前作作物殘體就地掩埋或作為田面敷蓋，以及在輪作體系中安排種植豆科綠肥作物，均可減輕施用有機質肥料之負擔。在作物養分吸收方面，有些作物養分攝取量較少，有些作物之養分攝取量則較多，因此在輪作排序時，主作物之前作，以選擇養分攝取量較小之作物，或栽培豆科綠肥作物為宜。此外，為了減輕病、蟲及雜草之危害，可將水稻或水生作物納入輪間及間作體系中。

（四）綜合性的多角化經營

在有機農場中除了種植各類作物外，尚可飼養動物，並且在農場中所種植作物的植體可供為動物的飼料，而所飼養動物的排泄物，又可提供作物生長所需的營養來源。

（五）病、蟲及雜草之綜合性管理

為了控制在有機栽培時之病、蟲及雜草危害，確保經營利潤，亟需研發綜合性的病、蟲及雜草管理技術，以獲得合理的收穫量與品質，包括促進作物健康生長的有機土壤肥培及農耕管理技術、生物製劑（生物肥料及生物農藥）之研發與妥善應用，以及營造生物多樣化，及建立生態平衡的生物控制系統等，均是甚為重要的關鍵。

（六）有合理的利潤，才能永續經營

實施有機農業需要提升土壤生產力及營造優良的生態環境，初期必然要付出較多的成本，如施用多量的有機質肥料及土壤改良劑、以生物製劑維護作物之生長及多樣化的輪間作技術等。另外，所生產的有機產品如何銷售的問題等，均要加以克服。由於農友經營有機農業，仍必須要有適當的利潤，否則無法永續經營。故研發如何降低生產成本及增加產量與品質之經營管理技術，並加以推廣供農友應用，甚為重要。當然，政府應可在農友實施有機農耕時，給予適當的補助與獎勵，尤其初期之有機轉型期更是最困難的階段，需要較多的補助及支持。

（七）要有長期經營的必要性

現代農業使用大量化學肥料與化學農藥，其中有些化學物質不是短期內能被分解，如早期的化學農藥 DDT、BHC 等。因此一些國家均規定，停止使用化學物質後，開始實施有機栽培時，需要有一段轉型期間。就土壤生產力而言，因有機質肥料都需經礦化後，才能釋出養分被植物吸收利用。實施有機栽培初期，有機農田可能因養分供應不足，產量常比不上慣行農田，但隨著有機農田土壤性質及肥力的改善，其產量即可趕上甚至超越慣行農田。由此可知，採行有機農法需要經過一段較長時間經營，才能顯現其功效。因此，立法保障承租農地經營有機農耕的時間，確保能長期經營有機農業亦頗為重要。

（八）產銷多元化、資訊化

大部分的個別農民，尤其是年紀較大的農民，只知道生產，而不知道如何去行銷自己所生產的農產品。目前消費者對農產品的品質與安全性要求甚高，為滿足消費者的需求，除了完全依循「有機農產品驗證基準」之規定生產外，將詳細的生產紀錄，加以資訊化，供消費者參閱，可促進銷售。另外，建立網路銷售平臺，進行更多元化行銷方式。並可將農場內因環境生態改善而產生之複雜動植物的生態影像及農場內經營活動的紀錄影片，放在網路上與消費者分

享，均有促銷的效果。目前農政單位推行之農產品產銷履歷驗證也是具有特色及區隔的驗證系統，長遠著想，有機農業結合產銷履歷驗證，將可有更大的發展潛力。

參考文獻

王銀波。2001。永續農業之發展。永續農業（第一輯作物篇）。中華永續農業協
　　會編印。P.11-15。

王鐘和。2021。台灣有機農業的內涵與發展策略及願景。有機農業產銷技術研討
　　會。台灣有機產業促進協會編印。P.1-12。

林俊義。2001。永續農業之理念與發展策略。永續農業（第一輯作物篇）。中華
　　永續農業協會編印。P.2-10。

黃山內。1989。有機農業之發展及其重要性。有機農業。臺灣省臺中區農業改良
　　場編印。P.21-30。

謝順景。1989。歐美國家之有機農業。有機農業。臺灣省臺中區農業改良場編
　　印。P.31-50。

謝順景。1993。世界各國之永續農業研究與推廣。永續農業。臺中區農業改良場
　　編印。彰化縣。P.19-45。

鄧耀宗。2004。有機農業之理念、歷史及現況。「南台灣永續發展論壇—有機農
　　業發展」論文集。國立屏東科技大學編印。屏東縣。P.14-30。

董時叡。2021。永續、友善與有機之間。永續農業。中華永續農業編印。第 41
　　期，P.54-59。

FAO. 1988. Production yearbook. 42: 1-356.

FAO, WHO and Codex Alimentarius Commission. 2013. PROCEDURAL MANUAL.
　　Twenty-seventh edition 1-258.

IFOAM. 1980. "The Basic Standards for Organic Production and Processing (IBS) of the
　　International Federation".

IFOAM. 1994. "10th International Organic Agriculture IFOAM". International Organic
　　Agriculture IFOAM Conference.

IFOAM. 2005. Definition of Organics International. https://www.ifoam.bio/why-organic/
　　organic-landmarks/definition-organic

Keeney, D. 1990. Sustainable agriculture: Definition and concepts. *Journal of production agriculture*, 3(3), 281-285.

Liehardt and Harwood. 1985. "Organic Farming", Office of Technology Assessment, Congress of the United States Background Papers No. 20.

Lockeretz, W. 1988. Open question in sustainable agriculture American. *Journal of Alternative Agriculture*, 3(4): 134-181.

Pretty, J. N. 1995. Participatory learning for sustainable agriculture. *World development*, 23(8), 1247-1263.

Rigby, D. and D. Cáceres. 2001. Organic farming and the sustainability of agricultural systems. *Agricultural Systems*, 68, 21-40.

CHAPTER 3

國際有機農業的發展

一、前言

　　早在 1924 年由德國人 Dr. Rudolf Steiner 首先提倡有機農業與生物動態農業，但是當時世界農業發展的趨勢是追求農業的工業化與商品化，以提高糧食生產，所以有機農業並未受到重視。第二次世界大戰後，各國為振興經濟，增產糧食，大量使用化學肥料與化學農藥，以及機械化耕作的化學農法廣為盛行。

　　到了 1970 年至 1980 年代，受到能源危機影響，各國逐漸意識到地球資源有限，及環境受到污染時，不僅危害生態環境也導致農業生產力衰退，如何維護環境品質與生活水準，以確保後代永續生存的空間，逐漸受到世界各國的重視。另外，消費者對農產品消費轉向多樣化及精緻化，也特別關注農產品的健康性與安全性，為符合環保與消費需求，於是永續農業、生態農業或有機農業等在近年來乃逐漸蓬勃發展（王鐘和，2018）。

二、國際有機農業發展的情形

　　國際有機農業的發展與有機農產品之生產法規及管理體系間有密切的關係，大略可以分為三個層面：(1) 聯合國層次，由聯合國糧農組織（Food and Agriculture Organization, FAO）和世界衛生組織（World Health Organization, WHO）制定有機農產品生產法規和管理體系，屬於「食品法典」之一部分，作為會員國推行有機農業之參考（CAC, 2022）。(2) 非政府組織（Non-Government Organization, NGO），目前比較活耀而被認同的為國際有機農業運動聯盟（IFOAM），成立於 1972 年（IFOAM, 1994），至 2022 年已有一百多國參加，八百多個會員組織，其制定的「國際有機農業運動聯盟有機農法標準」（Standard of Organic Farming, International Federation of Organic Agricultural Movement）具廣泛性和代表性，農畜產品及其加工品都有完整的生產與調製規範準則。(3) 國家層次，以歐盟、美國、日本及澳洲為代表。

（一）歐盟

歐盟有機農業起源甚早；1924 年德國 Dr. Rudolf Steiner 提倡有機農業與生物動態農業，1940 年英國 A. Howard 和 E. Balfour 提倡有機農法，英國土壤協會成立。同年，瑞士 H. Muller 夫婦提倡有機生物農業。1954 年德國 Demeter-Bund 開始有機驗證工作。1962 年英國土壤協會訂立生產基準，1973 年開始有機驗證工作。1980 年瑞士建立有機驗證制度。1981 年法國立法規範有機農業。1984 年德國訂立有機農法基準（劉凱翔，2007；郭華仁與劉凱翔，2008；Howard, 2007, 2010）。

歐盟近年來較為重要的有機農業政策主要有：1991 年制定完成適用全歐盟區域有機農業法規 2092/91 號規則，並於 1992 年全面實施。1992 年制定適用於全歐盟會員國 2078/92 號「歐盟農村發展計畫」，明定歐盟當中各會員國須提供有機農業補貼，為歐盟有機農業補貼政策與發展的開端。1999 年歐盟開始大幅修訂共同農業政策（Common Agricultural Policy, CAP），並以 1257/99 號「農村發展計畫」作為原先「歐盟農村發展計畫」替代方案。此政策內容也成為 2000 年後歐盟會員國間有機農業補貼法源依據。2004 年起歐盟執委會制定「有機行動計畫」，其目的為增修相關農業法規及共同農業政策中有機農業措施，建立產品銷售資訊系統。2005 年後，歐盟針對 2007 至 2013 年共同農業政策開始制定相關有機農業規範。主要仍為就其農業發展、補貼進行政策研擬（林幸君，2012）。2020 年歐盟各國經營有機農業面積占總農地面積為 9.2%，其中以法國的 17% 為最高，其次為西班牙 16%、義大利 14%、德國 12% 及奧地利 5%。據統計 2020 年歐盟有機農田面積已達 1,490 萬公頃（歐洲則為 1,710 萬公頃）（FiBL and IFOAM, 2022）。

歐盟委員會在 2020 年推出為期 6 年的「歐洲綠色新政」（European Green New Deal），目標是 2050 年達到碳中和的目標。新政的面向很多，在農業方面是「農場到餐桌策略」（Farm to Fork Strategy）與「生物多樣性策略 2030」（Biodiversity Strategy for 2030）。生物多樣性策略的目標，與農業有關的包

括增加有機農耕面積達 25% 以上、提高農業用地生物多樣性、恢復授粉者族群，到 2030 年時減少農藥的使用及其危害達 50%，降低化肥的使用達 20% 而減少肥料的污染達 50%，依生態原則新植樹木達 30 億株等。農場到餐桌策略涵蓋 27 項關鍵措施，旨在幫助歐盟農業轉變到更為健康、更可永續的食物生產體系。該策略的目標之一則是增加有機農耕的面積，即在於 2030 年時，有機農田面積占總農地面積比能夠由現在的 8.5% 提升到 25% 以上，有機漁業也可以有顯著的成長。兩策略都要大幅提高有機生產，這是看好有機農業對於環境、生物多樣性與動物福利、降低溫室氣體排放及提供健康食物等，都有正面的效應，有助於達成永續發展目標（SDGs），這可以說是有機農業的根本精神（郭華仁，2021）。

（二）美國

美國之有機農業始於 1940 年代，1946 年 J. I. Rodale 創立「土壤與健康基金會」，至 1970 年代起相繼有 13 個州，三十餘個民間組織執行有機驗證計畫，1983 年通過農業生產法案推動有機農業（IFOAM, 1994）。1990 年通過《有機食品生產法》（Organic Food Production Act），1997 年通過有機農場驗證的農場有 4,050 家，獲得有機驗證的耕地面積為 45 萬公頃，約占總農地面積之 0.1%。1997 年提出「國家有機計畫規則（草案）」（National Organic Program; Proposed Rule），並於 2000 年公告實施。2002 年美國農業部認為有機農業之生產、加工與行銷法規在網路及其他管道經多年檢討已獲一致結論，因而宣布有機標章「美國農業部有機」（USDA Organic）開始在有機市場施行，有機農業之推展在各州正式統一定調（林麗芳，2014）。2003 年有機農業面積達 95 萬公頃，而至 2020 年已達 232 萬公頃（FiBL and IFOAM, 2022）。

（三）日本

岡田茂吉先生於 1935 年倡導自然農法，1953 年成立 MOA 自然農法普及協會，並將此理念推廣至全日本（成立 316 個支部）及其他國家。1989 年日

本農林水產省制定「有機農產品特別基準」，1992 年訂定「有機農產品及特殊栽培農產品標示準則」，並於 1996 及 1997 年二度修正，1998 年公布「有機農產物的農林規格」對有機農產品生產基準與標示方法作規範。2000 年制定「日本有機農業標準」，並於 2001 年實施，規定所有標示有機農產品均需有 JAS 標章，也就是所有驗證機構均需經過農林水產省審核通過（林傳琦，2001）。生產與販售都有很明確的規定，並嚴格執行，以保護消費者與生產者之權益。日本《食料・農業・農村基本法》中規定，必須透過維持並增進農業的自然循環機能，以維護農業的永續發展。2006 年日本推動制定《有機農業推動法》，其中「有機農業」定義係指沒有使用化學合成肥料及農藥，以及基因改造為基礎的農業。在大幅增進農業自然循環機能的同時，可大幅地降低對環境的負荷（王惠正，2018）。2016 年有機農業生產面積為 9,956 公頃，約占日本耕種面積的 0.2%，2020 年日本有機農業面積已達 10,972 公頃，約占耕種面積的 0.2%（FiBL and IFOAM, 2022）。

（四）澳洲

澳洲的有機農業發展較歐美日晚，1986 年澳洲成立一家有機認證機構（National Association for Sustainable Agriculture Australia, NASAA），並制定一套標準和認證體系。1991 年澳洲政府通過有機與生物動態農業標準（National Standard for Organic and Biodynamic Agriculture）。1998 年澳洲有機聯盟（Organic Federation of Australia, OFA）成為澳洲有機產業的重要機構。1999 年澳洲政府針對有機產品生產、加工、標章以及銷售設定最低檢查要求和防範措施。2001 年也引進日本有機法規，規定加工和標章需要進行檢查和驗證。2009 年通過新澳洲有機標準（New Australian Organic Standard），規定有機和生物多樣性產品的生產、準備、運輸、行銷標章等作業，並特別強調促進資源重新利用，以及對土壤、水、能源等資源的保護於農業及其經營表現上（楊奕農，2005；林幸君，2012）。澳洲有機農產品早期大都以出口為導向，仰賴國際市場的需求；近年來則因國內消費市場需求逐漸擴大，而更加增長。

2020 年澳洲有機農業面積已達 3,569 萬公頃為全球之冠，約占其耕地面積的
8.8%（FiBL and IFOAM, 2022）。

三、有機農業 1.0、有機農業 2.0、有機農業 3.0

（一）有機農業 1.0

19 世紀末到 20 世紀中，由於化學物質的發明及廣泛應用於農業生產，產
生眾多對環境生態及人類健康的負面影響，致使許多關心生活、食物、農業生
產與環境的先驅者發起運動，建立有機農業理念、規章及組織，此時為有機農
業理念的草創時期。各種規章係由民間組織草擬，具較低的約束力（IFOAM,
2022），此階段可稱之為有機農業 1.0。

（二）有機農業 2.0

20 世紀中期後，為促進有機農業的發展、取信消費者及政策制定者，有
機農業進入到法規化與標準化的階段。各國政府紛紛訂定頒布有機農業相關的
法規及基準，引進驗證方案（由公正第三方執行驗證），並經立法頒布施行，
此種制度確實對於消費者健康、環境生物多樣性之建構及生產者的生計產生了
積極的影響。另外，並對有機農產品加以檢驗，以進一步證明有機產品的安全
性，來取信於社會大眾，此階段稱為有機農業 2.0（IFOAM, 2022）。

（三）有機農業 3.0

至 21 世紀以來，各國歷經數十年致力發展有機農業，但有機農田占各國
及全世界農田面積之比例仍甚低（< 2.0%）。因此，一些人士提出基於促進農
業永續發展的精神，建立以誠信為基礎，建議應廣納具有機農業理念的各種農
法，雖然其未遵行現行有機農業之法規及認驗證制度，但政府仍應給予補貼及
輔導協助，以促進有機農業發展。因此，各國乃訂定相關的法規以執行之，此
階段稱為有機農業 3.0（IFOAM, 2022）。

四、全球有機農業的現況

2020 年全球有機農業面積達到 7,494 萬公頃，約占全球總耕地面積的 1.6%。全球有機農田面積較 1999 年之 1,100 萬公頃，增加 6,390 萬公頃，成長達 5.81 倍。平均每年有機農地的成長率為 27.7%（圖一），顯著的成長幅度，顯示有機農業如今已廣受世人重視。各洲有機農業面積占全球面積百分比而言，大洋洲（包括澳洲及紐西蘭）最多為 3,591 萬公頃，占比為 48%；歐洲 1,710 萬公頃，占比為 23%；拉丁美洲 995 萬公頃，占比為 13%；亞洲 615 萬公頃，占比為 8%；北美洲 374 萬公頃，占比為 5%；非洲僅 209 萬公頃，占比為 3%（表一）。依據 IFOAM 公告 2020 年全球有機農耕面積前十大之國家為：澳大利亞 3,569 萬公頃為最高，次之為阿根廷 445 萬公頃、烏拉圭 274 萬公頃、印度 266 萬公頃、法國 255 萬公頃、西班牙 244 萬公頃、中國 244 萬公頃、美國 233 萬公頃、義大利 210 萬公頃及德國 170 萬公頃（表二）。同期間臺灣有機農業面積已由 1,048 公頃，增加到 10,789 公頃，成長了 10.3 倍。與亞洲其他國家相比較，僅為第十九名，而有機農田面積占全國耕地比為

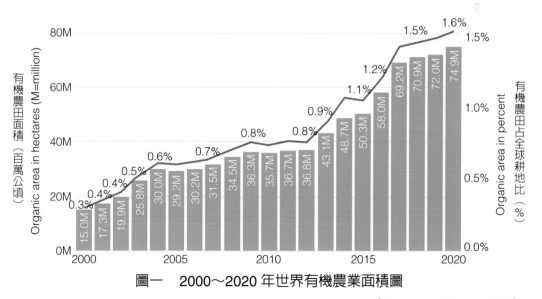

圖一　2000～2020 年世界有機農業面積圖

（FiBL and IFOAM, 2022）

1.4%，排名則為第五名（表三）（FiBL and IFOAM, 2022）。仍有很大的進步空間。

表一　目前世界各洲有機農田面積（2020 年）

地區	有機農田面積 （百萬公頃）	占全球有機農田面積比 （%）	占各洲耕地面積 （%）
非洲	2.09	3	0.2
北美洲	3.74	5	0.8
亞洲	6.15	8	0.4
拉丁美洲	9.95	13	1.4
歐洲	17.10	23	3.4
大洋洲	35.91	48	9.7
全球	74.94	100	1.6

（FiBL-Survey, 2022）

表二　2020 年全球各國有機農田面積（前十名）

國家	有機農田面積 （公頃）	有機農田面積占比（%）	有機農業生產者（no.）
澳大利亞	35,687,799	9.9%	24,480
阿根廷	4,453,639	3.0%	1,343
烏拉圭	2,742,368	19.6%	1,388
印度	2,657,889	1.5%	1,599,010
法國	2,548,677	8.8%	53,255
西班牙	2,437,891	10.0%	44,493
中國	2,435,000	0.5%	13,318
美國	2,326,551	0.6%	16,476
義大利	2,095,380	16.0%	71,590
德國	1,702,240	10.2%	35,396

（FiBL and IFOAM, 2022）

表三　2020 年亞洲各國有機農田面積（前十名）

國家	有機農田面積（公頃）	有機農田面積占比（%）	有機農業生產者（no.）
印度	2,657,889	1.5%	1,599,010
中國	2,435,000	0.5%	13,318
菲律賓	191,770	1.5%	11,906
泰國	160,802	0.7%	96,673
哈薩克斯坦	114,886	0.1%	294
印度尼西亞	75,793	0.1%	17,836
斯里蘭卡	73,393	2.6%	1,990
巴基斯坦	69,850	0.2%	934
越南	63,536	0.5%	17,174
韓國	38,540	2.3%	23,750
臺灣 *	10,789	1.4%	4,117

* 臺灣排名為亞洲國家第十九名

（FiBL and IFOAM, 2022）

　　全球有機農業近年快速成長，有機食品的產值從 2000 年的 180 億美元、2005 年的 330 億美元、2010 年的 590 億美元、2015 年的 840 億美元至 2020 年之 1,290 億美元（圖二）（Ecovia Intelligence, 2022），2000 至 2020 年期間成長了 7.17 倍，平均每年成長率約為 35.8%，成長幅度頗大，顯示有機產品已經受到世人普遍的重視與接受。目前已有 190 個國家採行有機農業，且持續增長中。至 2020 年為止，全球有機農業面積（包括耕地、畜牧地、野生植物採集區域）已達 10,490 多萬公頃，若扣掉野採面積，則有機農地面積有 7,490 萬公頃，較諸 2001 年的 1,500 萬公頃相比成長 4.99 倍之多。不過有機農業面積占全球總耕地面積僅為 1.6%，顯示仍有甚大的發展空間（FiBL and IFOAM, 2022）。

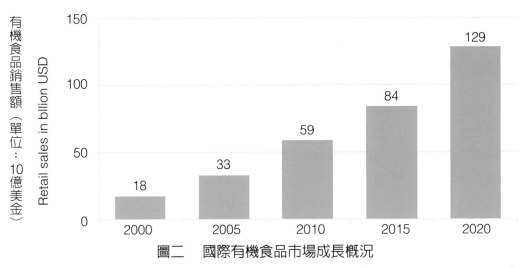

圖二　國際有機食品市場成長概況

（Ecovia Intelligence, 2022）

　　若以生產類型作區分，以長期放牧草原之面積最多，占比約68%，其次短期作物爲18%，與多年生作物爲7%。全球有機栽培短期作物約1,314萬公頃，其中39%爲禾穀類最多，青飼料24%居次，油籽14%，豆類6%，纖維作物5%。多年生作物524萬公頃中以17%的橄欖最多，其他依序爲堅果14%，咖啡14%，葡萄10%，可可7%，椰子6%（FiBL and IFOAM, 2022）。

　　而在亞洲有機農業面積最多的國家爲印度，其有機農田面積約達266萬公頃，占其總耕地比爲1.5%；其次爲中國的244萬公頃，占其總耕地比爲0.5%；第三爲菲律賓的19.2萬公頃，占其總耕地面積比爲1.5%。亞洲國家中有機面積占該國總耕地面積比較高的國家分別爲斯里蘭卡的2.6%及韓國的2.3%。顯示亞洲各國有機農業仍有很大的發展空間，而臺灣亦僅達1.4%（表三）（FiBL and IFOAM, 2022）。

參考文獻

王惠正。2018。日本有機農業推動現況與政策。臺灣 WTO 農業研究中心。

王鐘和。2018。有機農業的內涵與生產技術。有機及友善環境耕作研討會。國立中興大學編印。P.1-16。

林傳琦。2001。國際農業科技合作計畫─「研習日本有機農產品輔導策略」。行政院農業委員會所屬各機關因公出國人員出國報告書。

林幸君。2012。主要國家有機農業政策與發展趨勢。行政院農業委員會，P.1-6。

林麗芳。2014。美國有機農產品之管理及貿易概況。行政院農業委員會。農政與農情。第 261 期。

郭華仁、劉凱翔。2008。國內外有機農業政策及法規之比較。「有機生態環境與休閒多元化發展研討會專刊」。行政院農業委員會花蓮區農業改良場編印。P.45-68。

郭華仁。2021。歐盟促進有機農業的 2021 行動方案。有機農業推動中心。網址：http://seed.agron.ntu.edu.tw/publication/20210709.pdf

楊奕農。2005。澳洲有機產品產業現況。主要國家農業政策法規與經濟動態。網址：http://www.coa.gov.tw/htmlarea_file/web_articles/4881/0404.pdf

劉凱翔。2007。有機農業法規及政策之研究。國立臺灣大學農藝學系碩士論文。

CAC. 2022. Codex Alimentarius. https://www.fao.org/fao-who-codexalimentarius/about-codex/en/

Ecovia Intelligence. 2022. London, United Kingdom. https://www.ecoviaint.com/

FiBL and IFOAM. 2022. The World of Organic Agriculture.

Howard, A. 2007. *The Soil and Health: A Study of Organic Agriculture*. University Press of Kentucky.

Howard, A. 2010. *An Agricultural Testament*. Benediction Classics.

IFOAM. 1994. "10th International Organic Agriculture IFOAM". International Organic Agriculture IFOAM Conference.

IFOAM. 2022. Our History & Organic 3.0. https://www.ifoam.bio/about-us/our-history-organic-30

CHAPTER 4

臺灣有機農業的發展

一、前言

　　臺灣早期的住民是以打魚、狩獵及採集野生植物的方式來養活自己。有少數漢人先到臺灣，從事拓荒及種植作物的工作，此時期沒有化學肥料及化學農藥，大都從事只收取而不施肥的自然農耕方式，產量均低。隨著移民愈來愈多，且日益增多的人要養育，糧食增產成為重要的課題。農民開始利用枯草與牲畜糞尿堆製成堆肥施在農田中，以促進栽培作物的生長及增加產量，可謂「有機自然農業」的模式，但此種農耕方式常因為營養供應不足及無法克服病蟲害的問題而影響產量（王銀波，1998；謝順景，2010）。

　　美國農業部土壤管理局局長金恩博士，描敘了他一百多年前到亞洲地區（中國、韓國及日本）看到的農業生產體系，是一種具有永續生產性的農業。在那個沒有化學合成物質的時代，農民竭盡所能的循環利用可以肥田的各種物質，包括糞材與各種植物枝葉堆製成的堆肥、植物體經燃燒後的灰燼及河床中的泥巴等，施到農田中來維持及增進農田土壤的肥力及生產力。農民們依循各地氣候及水分的豐缺，努力地在週年中種植各種作物，生產出支持人畜生活所需的糧食、衣物及維生的薪材（鄧捷文譯，2020）。

　　而近代農業因過度使用各種化學物質，造成生態與環境失衡、農田土壤品質劣化及人畜健康遭受危害等負面影響。臺灣的近代農業和世界進步的國家一樣，是依靠高投入的無機化學肥料及化學合成農藥來防治病蟲害與提升產量，並走向機械化擴大經營，採栽培單一作物的生產方式（王鐘和等，2006；王鐘和，2013，2014）。這種方式提升了作物的產量，但常常因單一作物的連續生產，導致生產過剩，價格低落，而影響農家的收入。另外，這種集約栽培的方式也加速了土壤的沖蝕、品質劣化及水質的污染。因此，農業就無法延續下去。所以迫切需要建立不依靠無機化學合成物質及低投入的農業生產方式，來減少環境生態之衝擊，以及維護食品之安全（王鐘和，2017，2018，2021）。

二、臺灣有機農業發展的歷程

臺灣發展「有機農業」的路不過是最近三十幾年來的事情。筆者將近三十幾年來政府推動有機農業相關政策、法規的歷程，整理於表一中。表中將臺灣有機農業的發展歷程區分為四個階段：

（一）評估與試作階段（1986～1999年）

行政院農業委員會在1986年邀請學者專家評估有機農業的可行性，得到在「臺灣推行有機農業在技術上可行性很高」的結論。1987年中華農學團體聯合年會中提案在臺灣施行有機農業之研究，獲得全體與會人員之迴響及支持。1988年於前臺灣省政府農林廳高雄區農業改良場旗南分場及臺南區農業改良場鹿草分場成立「有機農業可行性觀察試驗計畫」之觀察試驗區，進行田間試驗。旗南分場觀察試驗區於1994年辦理成果觀摩會，結果顯示有機栽培區之土壤品質顯著提升，作物產量也增加。1990年推動「有機農業先驅計畫」，輔導設置簡易堆肥舍，試行有機農業，並在1995年辦理「有機農業經營試作示範計畫」開始在各地區試作有機農耕，1996年訂定「稻米、茶、蔬菜、水果等四類作物的有機栽培執行基準」。

（二）訂定行政命令層級的法規（1999～2007年）

1999年農委會公告「有機農產品驗證機構輔導要點」、「有機農產品驗證輔導小組設置要點」及「有機農產品生產基準」等規範，作為管理有機農業及輔導有機農民生產之依據。「有機農產品生產基準」中規定短期作物實施有機栽培採「全有機農業」方式，而果樹及茶樹之有機栽培於果實採收後或冬茶採收後之3個月內，可有限度施用化學農藥及化學肥料的「準有機農業」生產方式（已於2003年修訂廢除）。2003年訂定的「有機農業管理作業要點」中指出有機農業係「遵守自然資源循環永續利用原則，不允許使用合成化學物質，強調水土資源保育與生態平衡之管理系統，並達到生產自然安全農產品目標之農業」。2006年設計實施「CAS臺灣有機農產品標章」，並依據相關規

定，制定「CAS 有機農產品驗證機構之認證規範」（圖一）。

A.

B.

圖一 (A) 臺灣有機農產品標章（2006～2019 年）；(B)2019 年 5 月以後推行之有機農產品標章。

（三）立法通過農產品生產及驗證管理法（2007 ～ 2018 年）

2007 年立法通過頒布《農產品生產及驗證管理法》，規定有機農業係屬強制驗證管理。有機農業必須依據政府機關訂定之有機驗證基準進行生產，並經過公正第三方之有機驗證機構驗證通過的產品，才可以使用「有機產品」的名義販售，也從此時臺灣有機農業的法規從行政命令層級提升至法律層級。2009 年行政院通過「精緻農業健康卓越方案」中明列至 2012 年底有機農產品生產面積達 5,000 公頃為目標。2016 年公告之「新農業創新推動方案」，宣示推廣友善環境耕作。2017 年農委會公告「友善環境耕作推廣團體審認要點」與「有機及友善環境耕作補貼要點」，「友善環境耕作推廣團體」必須獲得農委會「友善環境耕作推廣團體審認小組」審認，確認該團體（機關／構、學校、法人或團體）推廣的農法或耕作方式符合友善環境耕作原則，並能對旗下登錄的農民輔導及稽核管理。

（四）立法通過有機農業促進法（2018 ～迄今）

2018 年立法通過頒布《有機農業促進法》，2019 年 5 月正式實施，同時推行新的有機標章（圖一），並廢除於 2008 年公告之有機同等性國家之資格。臺灣的有機農場確實因經營的面積較小，有鄰田污染的困擾存在，因而有機農友要用很大心力於緩衝帶及綠籬的營造與管理，所以有些人認為有機農產品不

得檢出農藥規定太嚴苛了。加上有機驗證必須接受管理及負擔驗證費用，確實使得一些小農望之卻步，不申請有機驗證。而近幾年國際有機農業運動聯盟（IFOAM）提出「有機3.0」，希望鼓勵和包容更多非有機驗證的農民，以加速有機農業的發展。而《有機農業促進法》第4條第2項提及政府機關應推廣之有機農業，包含未經第3條第11款驗證之友善環境耕作，把友善環境農業納入有機農業輔導。該法似乎承認兩種有機農業的存在，一種是經過驗證的，另一種則是未經驗證的（即所謂的友善環境耕作）。

表一　臺灣有機農業發展歷程

年代	歷程
(一) 評估與試作階段（1986～1999 年）	
1986	農委會邀請學者專家評估在臺灣實施有機農業的可行性，得到的結論認為在技術上可行性很高。
1987	中華農學團體聯合年會中提案在臺灣進行有機農業之研究，獲得全體與會人員之迴響及支持。
1988	成立「有機農業可行性觀察試驗計畫」，在前臺灣省政府農林廳高雄區農業改良場旗南分場及臺南區農業改良場鹿草分場設置有機農業可行性觀察試驗區，進行田間觀察試驗。
1990	農林廳推動「有機農業先驅計畫」，輔導設置簡易堆肥舍，試行有機農業。
1995	1.農委會召開討論會，研擬有關有機農產品認證方式的行政法規：「有機農產品生產及標示管理要點」的草案，農林廳召開研商「有機農產品標誌設計事宜」的會議，討論有機農業產品認證及標誌設計。 2.農林廳所屬之各區農業改良場選定農戶辦理有機農業試作，並積極辦理示範、觀摩及展售。
1996	農林廳訂定「稻米、茶、蔬菜及水果等四類作物的有機栽培執行基準」。
(二) 訂定行政命令層級的法規（1999～2007 年）	
1999	農委會公告「有機農產品驗證機構輔導要點」、「有機農產品驗證輔導小組設置要點」及「有機農產品生產基準」等規範，作為管理有機農業及輔導有機農民生產之依據。

年代	歷程
2003	1. 修訂廢除 1999 年頒布的「有機農產品生產基準」中規定果樹及茶樹之有機栽培於果實採收後或冬茶採收後之 3 個月內,可有限度施用化學農藥及化學肥料的「準有機農業」生產方式。 2. 農委會公告「有機農產品管理作業要點」、「有機農產品驗證機構資格審查作業程序」及「有機農產品生產規範—作物」、「有機農產品生產規範—畜產」等相關規範。 3. 訂定的「有機農業管理作業要點」中指出有機農業係「遵守自然資源循環永續利用原則,不允許使用合成化學物質,強調水土資源保育與生態平衡之管理系統,並達到生產自然安全農產品目標之農業」。
2006	設計實施「CAS 臺灣有機農產品標章」,並依據相關規定,制定「CAS 有機農產品驗證機構之認證規範」。

(三) 立法通過農產品生產及驗證管理法(2007～2018 年)

2007	立法通過頒布《農產品生產及驗證管理法》,規定有機農業係屬強制驗證管理。有機農業必須依據政府機關訂定之有機驗證基準進行生產,並經過公正第三方之有機驗證機構驗證通過的產品,才可以使用「有機產品」的名義販售,也從此時臺灣有機農業的法規從行政命令層級提升至法律層級。
2009	行政院通過「精緻農業健康卓越方案」,其中明列至 2012 年底有機農產品生產面積達 5,000 公頃為目標。
2016	農委會公告「新農業創新推動方案」,宣示推廣友善環境耕作。
2017	農委會公告「友善環境耕作推廣團體審認要點」、「有機及友善環境耕作補貼要點」,「友善環境耕作推廣團體」必須獲得農委會「友善環境耕作推廣團體審認小組」審認,確認該團體(機關/構、學校、法人或團體)推廣的農法或耕作方式符合友善環境耕作原則,並能對旗下登錄的農民稽核管理。

(四) 立法通過有機農業促進法(2018～迄今)

2018	立法通過《有機農業促進法》。在該法第 4 條第 2 項提及政府機關應推廣之有機農業,包含未經第 3 條第 11 款驗證之友善環境耕作,把友善環境農業納入有機農業輔導。該法似乎承認兩種有機農業的存在,一種是經過驗證的,另一種則是未經驗證的(即所謂的友善環境耕作)。
2019	《有機農業促進法》公布 1 年後於 2019 年 5 月正式實施,同時推行新的有機標章,並廢除於 2008 年公告之有機同等性國家之資格。

資料來源:筆者整理歸納自歷年政府推動有機農業的相關資料

三、政府管理及輔導有機農業與友善環境耕作之措施

（資料來源：農糧署，2022）

（一）有機農業及友善環境耕作之管理與輔導措施

1. 有機農業

(1) 須經第三方驗證；(2) 符合有機驗證基準；(3) 產品可使用官方有機標章。

2. 友善環境耕作

(1) 栽培相近與有機農業相近；(2) 官方審認推廣團體；(3) 農友登錄接受管理。

（二）建立支持農民體系

1. 辦理有機農業獎勵與補貼

(1) 友善農耕：生態保育獎勵 3 萬（最長補貼 3 年）。

(2) 有機驗證轉型期：生態保育獎勵 3 萬 + 農業生產補貼 3～5 萬 = 6～8 萬（依驗證期限最長補貼 2～3 年）。

(3) 有機栽培：生態保育獎勵 3 萬。

2. 生產過程輔助措施

(1) 溫網室及生產設備：補助溫（網）室設施、生產農機具及加工設備，提升有機經營效率。

(2) 補助有機農業適用資材：國產有機質肥料：每公頃最高補助 3 萬元微生物肥料：每公頃最高補助 5 千元。生物性防治資材：每公頃最高補助 1 萬元。

(3) 補助農民驗證及檢驗費用 90%，減少驗證成本負擔。

（三）推動建立有機集團栽培及有機農業促進區

1. 推動有機農業專區

(1) 推動設置有機集團栽培區，以擴大有機農產品生產及防範鄰田污染。

(2) 已輔導設置公設有機集團栽培區 16 處、面積 755 公頃；農民團體或個

別農民自營有機栽培區 10 處、面積 519 公頃。

2. 精進作為

(1) 修訂「有機集團栽培區環境改善公共工程補助原則」，新增納入國營事業所屬農場（例如台糖公司所屬農地）為補助對象。

(2) 以既有有機集團栽培區為基礎，擴大成立「有機農業促進區」，優先輔導區內慣行生產者轉型有機或友善耕作，進而達成全區有機友善生產。

四、推動有機農業之非政府機構的成立

1993 年 12 月於國立中興大學國際會議廳，舉行「中華永續農業協會」之成立大會。該會成立至今已有 28 年之久，除定期出版刊物之外，每年均辦理與永續農業或有機農業之研討會及其他相關活動，對臺灣初期發展有機農業的教育與推廣頗有貢獻（謝順景，2010）。

隨著臺灣有機產業之發展愈來愈快，產業界人士發起成立「臺灣有機產業促進協會」，希望更進一步促進「健康、生態、公平、關懷」的有機產業之發展。在許多產官學的發起人之參與下，「臺灣有機產業促進協會」於 2008 年 1 月正式成立。這是國內有機產業界團結合作的開始，象徵臺灣有機產業界為關懷社會的公平正義而堅持，為維護人民的健康福祉、保護生態與土地永續而努力。

該協會會員包括有機生產者、消費者、加工業者、資材供應、行銷、驗證、進出口、環保團體、學術界人士、政府官員以及學生等。該協會除辦理許多場次有機農業之國內及國際研討會外，每年在臺灣各地辦理全國有機日慶祝活動、有機栽培技術之講習會、消費者之有機農業教育宣導會以及有機農業法規講習會等。

五、臺灣有機認驗證制度的建立

　　為因應國內有機農業發展之需要，農委會於 2003 年 9 月及 10 月修訂公告「有機農產品管理作業要點」及「有機農產品生產規範—作物」及「有機農產品生產規範—畜產」。依據頒行之法令，財團法人國際美育自然生態基金會於 2000 年 12 月通過審查，成為第一家有機驗證機構，其他如慈心有機農業發展基金會、台灣省有機農業生產協會、臺灣寶島有機農業發展協會等 3 個機構亦陸續獲審查通過認證成為有機驗證機構（郭華仁，2019）。

　　2008 年起農委會委託全國認證基金會（Taiwan Accreditation Foundation, TAF）執行對各公、民營與機構、團體的有機認證工作。全國認證基金會有許多年在醫、工及商等產業界之各種認證業務的經驗，並且代表臺灣參加國際認證論壇（International Accreditation Forum, IAF）及國際實驗室認證聯盟（International Laboratory Accreditation Cooperation, ILAC）（圖二）。2018 年《有機農業促業法》立法後，依該法農委會正式審查通過 TAF 為有機農業的認證機構，執行對各有機驗證機構的認證業務（圖三）。截至 2022 年 10 月為止已有財團法人國際美育自然生態基金會（MOA）、台灣省有機農業生產協會（TOPA）、臺灣寶島有機農業發展協會（FOA）、暐凱國際檢驗科技股份有限公司（FSI）、國立中興大學（NCHU）、環球國際驗證股份有限公司（UCS）、采園生態驗證有限公司、慈心有機驗證股份有限公司（TOC）、財團法人和諧有機農業基金會（HOA）、中華驗證有限公司（ZHCERT）、朝陽科技大學（CYUT）、成大智研國際驗證股份有限公司（CAICC）、藍鵲驗證服務股份有限公司及安心國際驗證股份有限公司（HQT）等 14 家通過有機作物及有機加工、分裝及流通的認證，國立嘉義大學及環虹錕騰科技股份有限公司（HQT）僅驗證有機作物，中央畜產會（NAIF）也通過有機畜產品及有機畜產加工品的認證（表二）。

有機農業

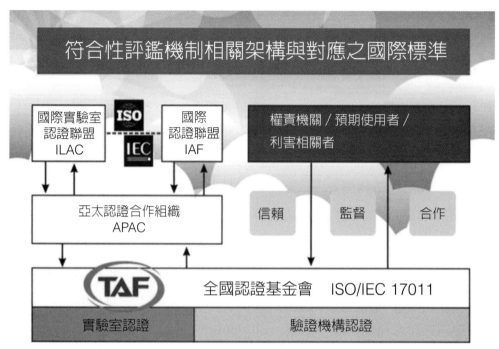

圖二　國產有機農產品符合性評鑑機制相關架構（由台灣有機產業促進協會提供）

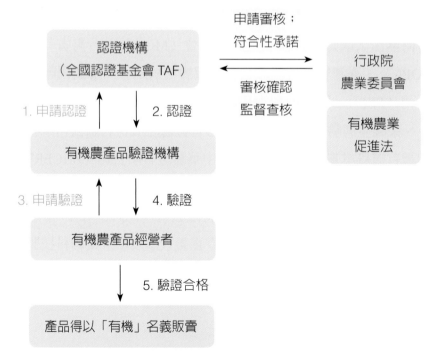

圖三　國產有機農產品認驗證體系（由台灣有機產業促進協會提供）

表二　通過有機認證之有機驗證機構

項次	有機農產品驗證機構名稱	認證範圍	電話及傳真號碼	有機農產品驗證單位標章
1	財團法人國際美育自然生態基金會（MOA）	有機作物有機加工、分裝及流通（個別驗證）	電話：02-27039688 傳真：02-27033588	
2	中華驗證有限公司（ZHCERT）	有機作物有機加工、分裝及流通（個別驗證）	電話：049-2568787 049-2568585 傳真：049-2566660	
3	台灣省有機農業生產協會（TOPA）	有機作物有機加工、分裝及流通（個別驗證）	電話：04-8537587 04-8537505 傳真：04-8529541	
4	臺灣寶島有機農業發展協會（FOA）	有機作物（個別驗證）有機加工、分裝及流通（個別驗證）	電話：03-3900952 傳真：03-3900972	
5	暐凱國際檢驗科技股份有限公司（FSI）	有機作物（個別驗證）有機加工、分裝及流通（個別驗證）	電話：02-55579888 傳真：02-87511235	

項次	有機農產品驗證機構名稱	認證範圍	電話及傳真號碼	有機農產品驗證單位標章
6	財團法人中央畜產會（NAIF）	有機畜產（個別驗證）有機加工、分裝及流通（個別驗證）	電話：02-23015569 傳真：02-23019569	NAIF 財團法人中央畜產會
7	國立中興大學（NCHU）	有機作物 有機加工、分裝及流通（個別驗證）	農產品驗證中心 電話：04-22840490 傳真：04-22858717	國立中興大學 APACC 農產品驗證中心
8	采園生態驗證有限公司	有機作物（個別驗證）有機水產（個別驗證）有機加工、分裝及流通（個別驗證）	電話：02-77292227 傳真：02-82586656	采園 ORGANIC
9	環球國際驗證股份有限公司（UCS）	有機作物 有機加工、分裝及流通（個別驗證）	臺北總公司 電話：02-27155577 傳真：02-27171199 臺中分公司 電話：04-23156107 傳真：04-23156106	有機農產品 UCS 環球國際驗證

項次	有機農產品驗證 機構名稱	認證範圍	電話及 傳真號碼	有機農產品 驗證單位標章
10	財團法人和諧有 機農業基金會 （HOA）	有機作物 有機加工、分裝 及流通 （個別驗證）	電話： 02-27031398 傳真： 02-27031395	
11	慈心有機驗證股 份有限公司 （TOC）	有機作物 有機加工、分裝 及流通 （個別驗證）	電話： 02-77146060 傳真： 02-25461266	
12	朝陽科技大學 （CYUT）	有機作物 （個別驗證） 有機加工、分裝 及流通 （個別驗證）	電話： 04-23323000 轉 8935 傳真： 04-23393730	
13	成大智研國際驗 證股份有限公司 （CAICC）	有機作物 有機加工、分裝 及流通 （個別驗證）	電話： 06-3032938 傳真： 06-3032939	
14	安心國際驗證股 份有限公司 （HQT）	有機作物 有機加工、分裝 及流通 （個別驗證）	電話： 04-8399677 傳真： 04-8361652	

項次	有機農產品驗證機構名稱	認證範圍	電話及傳真號碼	有機農產品驗證單位標章
15	環虹錕騰科技股份有限公司（HQT）	有機作物（個別驗證）	電話：07-8152100 傳真：07-8152100	
16	藍鵲驗證服務股份有限公司	有機作物（個別驗證）有機加工、分裝及流通（個別驗證）	電話：02-87918011 傳真：02-87918077	
17	國立嘉義大學	有機作物（個別驗證）	電話：05-2717336 傳真：05-27177337	

六、通過有機驗證及友善環境耕作審認的現況

　　從 2006 至 2021 年的 16 年期間，作物有機栽培的種植面積從 1,708 公頃增加至 11,765 公頃，成長了 6.89 倍，平均年成長 43.1%。雖有長足的成長，但有機農田面積僅約占全國總耕地面積的 1.5%，實屬偏低，仍有很大的成長空間。各類作物中實施有機農耕的面積，以水稻及蔬菜所占的比率較高，分別達為 28.9% 及 31.8%，第三位則為果樹之 15.1%（表三）。

　　至 2022 年 7 月有機栽培面積已達 12,577 公頃。通過有機農產品生產驗證者為 4,603 戶及有機農產品加工驗證則為 473 戶；通過有機畜產驗證者 3 戶，有機畜產加工驗證僅為 1 戶；通過有機水產驗證者 4 戶，有機水產加工驗證則為 1 戶。

表三　臺灣歷年各類作物有機種植面積概況（2006～2021 年）

（單位：公頃）

年度	水稻	蔬菜	果樹	茶葉	其他作物	合計
2006	704	379	207	71	348	1,708
2007	842	438	258	125	349	2,013
2008	949	518	296	140	453	2,356
2009	1,085	913	289	169	504	2,960
2010	1,317	1,435	462	219	601	4,035
2011	1,654	1,692	613	263	794	5,016
2012	2,007	1,785	713	408	937	5,850
2013	2,059	1,957	833	447	640	5,937
2014	1,898	2,104	917	448	626	5,993
2015	1,780	2,439	1,206	343	723	6,490
2016	1,853	2,531	1,337	372	692	6,784
2017	2,705	2,481	1,108	356	919	7,569
2018	2,937	2,760	1,381	386	1,295	8,759
2019	3,033	2,930	1,548	415	1,609	9,536
2020	3,289	3,356	1,726	412	2,007	10,789
2021	3,394	3,742	1,771	472	2,386	11,765
2021	28.8%*	31.8%	15.1%	4.0%	20.3%	100%

＊各類作物有機栽培面積占總面積的比率

　　友善環境耕作為不施用化學農藥、化學肥料及其他化學合成物質，不使用基因轉殖的物種與材料，友善環境的農業耕作方式。至 2022 年 7 月經農業委員會審認通過的友善環境耕作推廣團體計有 47 個，友善農耕之面積 5,356 公頃。

　　對通過有機驗證的農民來說，難免會抱怨，如果友善農業被視為有機農業，那又何必申請有機驗證，既要花錢，又要經過繁瑣的驗證程序、嚴苛的農藥零檢出規定及行政機關和驗證機構的監督。而在市面上卻要面臨友善環境耕

作之產品號稱有機的競爭。友善環境耕作的資格，是採由農委會審認的推廣團體管理，缺乏真正認驗證機制的嚴謹度，加上推廣團體參差不齊，難免會有公信力不足之疑慮，也可能造成消費者的不解與困擾。而在國際間各國簽訂有機同等性約定時，也只限於有經過驗證的農產品，這些都說明了有機驗證和未經有機驗證的農產品，一旦進入市場銷售，在公信力和市場接受度上確實不同。畢竟驗證是有機規範重要的架構之一，嚴謹的驗證規範可以有效把關，並提供有機產品品質之保障，提升消費者的信心。驗證之目的在於維持有機農業之完整性，確保生產過程符合有機標準，藉以提供消費者有品質保障之有機產品及維持公平的市場競爭。

經過 30 多年來各界人士的共同努力與政府法令的支持，目前 2021 年通過有機驗證的農田面積已達 11,765 公頃，加上友善農耕的面積，則已達到 16,927 公頃，已超過全國總耕地面積（以 80 萬公頃計）之 2% 了，為亞洲之最。圖四顯示，臺灣發展有機農業初期因相關法令層級不高，以及有機農業經營者的經驗不足與消費者的信心及接受不高，從 1995 至 2007 年期間（即為有機法規屬於行政命令層級的時期），有機農田面積成長甚慢，有機農田面積僅達 2,005 公頃，依據年代與面積之相關圖資料顯示，如果要達到全國總耕地面積之 50%（40 萬公頃）實施有機農業，要到西元 4597 年之漫長時間。而 2007 年在訂定法律層級之《農產品生產及驗證管理法》後至 2017 年，有機農業發展較前階段雖有較大幅度成長，但也要到西元 2809 年，才能達到占全國總耕地面積之 50%。而《有機農業促進法》立法頒布實施後，因政府較積極投入各項補助及推廣等促進措施，有機農業經營者也累積較多的經驗，加上各界人士的共同努力及消費者的支持，有機農業發展明顯加快。如果要達到 40 萬公頃之目標，尚要 377 年的時間，但如果加上友善農耕的面積則只要 207 年，顯示不施用化學物質的友善農耕是值得重視及支持推動的，因為如果有更多農田不施用化學物質，對於有機農業的發展是會有助益的，只是應該向消費者講清楚說明白兩者之間的異同，才能獲得消費者的信任與支持。綜合上述，友善環境耕作與有機農業及永續農業彼此之間之關係圖如圖五所示。

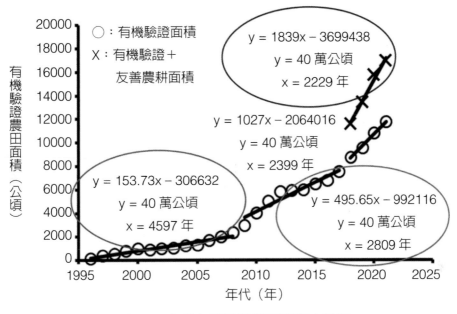

圖四　臺灣有機驗證農田面積之演變

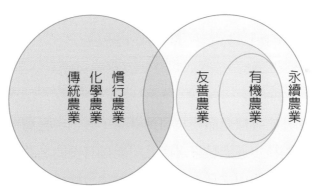

圖五　有機農業與友善、永續及慣行農業之關係圖

七、參與式保障體系

近年來，亦有人提出參與式保障體系（Participatory Guarantee Systems, PGS）來支持有機農業耕作的理想，即使生產者未申請有機驗證，透過實際參訪生產者之農場與生產過程後，消費者因信賴其產品之有機生產特質而願意購

買，建立消費者與生產者之互信與連結情誼，亦符合有機農業之精神。參與式保障體系（PGS）支持有機農業耕作的理想，強調維護生態之農業，不使用化學合成農藥、肥料或轉基因的生物，並以群體力量積極支援農民的經濟可持續性。

美國 OFPA 法案明定驗證規範不適用於有機產品年銷售值在美金 5,000 元以下的生產者，NOP 法則中制定「免驗證規定」執行規則。可適用「免驗證」規定之生產者，其生產過程仍應符合國家標準規定；免驗證生產者仍應保有完整的產製過程紀錄，並應接受主管機關之審查，產品標示上不可使用國家有機標章，不可宣稱爲經驗證之有機產品，產品亦不可作爲其他加工者所生產加工產品的有機原料。在實務上，適用「免驗證」之生產者，只可於有機生產場所中，以直接銷售給消費者之方式販售其有機產品，不可流通於一般市面販售（劉凱翔，2007；John and Jonathan, 2016）。

八、國外有機產品銷售至臺灣的管理

（一）在行政命令層級時期的法規（1999～2007 年）

在此時期，國外的有機產品要銷售到臺灣，必須由臺灣合格的有機驗證機構派稽核員至該國稽核，通過驗證之產品才能以有機的名義銷來臺灣，並且其產品之外標示必須全部爲中文且張貼臺灣有機驗證機構的有機標章。可惜因不具強制力，根本無法落實執行。

（二）農產品生產及驗證管理法時期的法規（2007～2018 年）

政府接受 22 個國家提出申請有機同等性國之審查，並於審查通過後公告實施。有機農糧產品及有機農糧加工品計有英國、法國、奧地利、丹麥、芬蘭、荷蘭、德國、義大利、紐西蘭、澳大利亞、瑞典、盧森堡、希臘、西班牙、愛爾蘭、比利時、葡萄牙、美國、加拿大、瑞士、匈牙利、智利（合計 22 國）；有機畜產品及有機畜產加工品計有澳大利亞、紐西蘭、美國、加拿

大（合計 4 國）。這些國家的有機產品可經貿易商行銷來臺灣，以有機名義販售。可惜我國向這些國家提出有機同等性審查時並不順利，致使我國的有機產品不能同等地銷往這些國家。

（三）有機農業促進法立法頒布後（2019 年）

頒布後 1 年內將廢除前階段之有機同等性國的資格。因此陸續有日本、美國、加拿大、澳洲、紐西蘭及印度等 6 個國家與我國協商、談判與簽約。達成相互承認為有機同等性國的待遇，彼此承認合格的有機產品資格。其他尚未與我國簽訂同等性國家之產品，則必須由我國合格的有機驗證機構進行有機驗證，合格者才能張貼我國的有機標章，以有機名義銷來臺灣。

參考文獻

王銀波。1998。台灣農業環境保護。農業與生態平衡研討會專刊。國立中興大學土壤環境科學系編印。P.1-14。

王鐘和、柯立祥、余伍洲、周瑞瑗、黃萬傳。2006。休閒有機農業的三生功能。第五屆海峽兩岸科技與經濟論壇研討會論文集。中國科學協會學術部、福建省科協編印。P.563-566。

王鐘和。2013。有機栽培農田土壤有機質管理策略。土壤肥料研究成果研討會：一代土壤學宗師王世中院士百歲冥誕紀念研討會論文集。中華土壤肥料協會編。P.123-132。

王鐘和。2014。當前有機農業發展的省思。有機日暨高屏澎地區有機農業土壤肥培管理講習會講議。台灣有機產業促進協會編印。P.11-18。

王鐘和。2017。有機生態農業的生產技術。海峽兩岸科技論壇。李國鼎科技發展基金會。P.87-97。

王鐘和。2018。有機農業的內涵與生產技術。有機及友善環境耕作研討會。行政院農業委員會臺中區農業改良場編印。P.107-123。

王鐘和。2021。台灣有機農業的內涵與發展願景。有機農業推動中心—有機農院—專家睿見。國立中興大學，網址：https://www.oapc.org.tw/台灣有機農業的內涵與發展願景/

行政院農業委員會農糧署—農業資材組—有機農業科。2022。有機農業促進法及相關輔導措施。

郭華仁。2019。有機農業的研發與推廣。友善環境與創新農業加值暨年度試驗研究成果研討會專刊。行政院農業委員會臺東區農業改良場編印。P.31-48。

鄧捷文譯。2020。四千年農夫：一趟東方人文與古法農耕智慧的時空行旅。柿子文化編印。

劉凱翔。2007。有機農業法規及政策之研究。國立臺灣大學農藝學系碩士論文。

謝順景。2010。臺灣一百多年來的有機農業發展之歷史回顧。行政院農業委員會
臺中區農業改良場研究彙報。第 107 期。P.1-12。

John and Jonathan. 2016. Organic agriculture in the twenty-first century. *Nature Plants*,
2(2): 15221.

CHAPTER 5

國內有機農業的法規與驗證基準

一、前言

　　20 世紀中期後，爲促進有機農業的發展、取信消費者及政策制定者，有機農業進入到法規化與標準化的階段。各國政府紛紛訂定頒布有機農業相關的法規及基準，引進驗證方案（由公正第三方執行驗證），並經立法頒布執行之，且對有機農產品加以檢驗，以進一步證明有機產品的安全性，來取信於社會大眾。本章簡介臺灣歷年訂定之有機農業法規之歷程，及於 2018 年頒布之《有機農業促進法》。

二、有機農業法規訂定的歷程

（一）1996 年農林廳訂定「稻米、茶、蔬菜及水果等四類作物的有機栽培執行基準」。

（二）1999 年農委會公告「有機農產品驗證機構輔導要點」、「有機農產品驗證輔導小組設置要點」及「有機農產品生產基準」等規範，作爲管理有機農業及輔導有機農民生產之依據。

（三）2003 年 (1) 修訂廢除 1999 年頒布的「有機農產品生產基準」中規定果樹及茶樹之有機栽培於果實採收後或冬茶採收後之 3 個月內，可有限度施用化學農藥及化學肥料的「準有機農業」生產方式；(2) 農委會公告「有機農產品管理作業要點」、「有機農產品驗證機構資格審查作業程序」及「有機農產品生產規範—作物」、「有機農產品生產規範—畜產」等相關規範。

（四）2006 年設計實施 CAS 臺灣有機農產品標章，並依據相關規定，制定CAS 有機農產品驗證機構之認證規範。

（五）2007 年立法通過頒布《農產品生產及驗證管理法》，規定有機農業係屬強制驗證管理。有機農業必須依據政府機關訂定之有機驗證基準進行生產，並經過公正第三方之有機驗證機構驗證通過的產品，才可以使用

「有機產品」的名義販售，也從此時臺灣有機農業的法規從行政命令層級提升至法律層級。

（六）2017 年農委會公告「友善環境耕作推廣團體審認要點」、「有機及友善環境耕作補貼要點」，「友善環境耕作推廣團體」必須獲得農委會「友善環境耕作推廣團體審認小組」審認，確認該團體（機關／構、學校、法人或團體）推廣的農法或耕作方式符合友善環境耕作原則，並能對旗下登錄的農民稽核管理。

（七）2018 年立法通過《有機農業促進法》。在該法第 4 條第 2 項提及政府機關應推廣之有機農業，包含未經第 3 條第 11 款驗證之友善環境耕作，把友善環境農業納入有機農業輔導。該法似乎承認兩種有機農業的存在，一種是經過驗證的，另一種則是未經驗證的（即所謂的友善環境耕作）。

（八）2019 年《有機農業促進法》公布 1 年後於 2019 年 5 月正式實施，同時推行新的有機標章，並廢除於 2008 年公告之有機同等性國家之資格。

三、《有機農業促進法》中第一章總則（2018 年 5 月 8 日立法通過，2019 年 5 月 30 日正式實施）

其剩餘章節請參考：農糧署全球資訊網—有機農業—有機農業相關法規—有機促進法。

網址：https://www.afa.gov.tw/cht/index.php?code=list&ids=353&mod_code=view&a_id=386

第一章　總則

第一條　為維護水土資源、生態環境、生物多樣性、動物福祉與消費者權益，促進農業友善環境及資源永續利用，特制定本法。

第二條　本法所稱主管機關：在中央為行政院農業委員會；在直轄市為直轄市政府；在縣（市）為縣（市）政府。

第三條　本法用詞，定義如下：

（一）農產品：指利用自然資源、農用資材及科技，從事農作、林產、水產、畜牧等生產或加工後供食用之物或其他經中央主管機關公告之物。

（二）農產品經營者：指生產、加工、分裝、進口、流通或販賣農產品者。

（三）有機農業：指基於生態平衡及養分循環原理，不施用化學肥料及化學農藥，不使用基因改造生物及其產品，進行農作、森林、水產、畜牧等農產品生產之農業。

（四）有機農產品：指農產品生產、加工、分裝及流通過程，符合中央主管機關訂定之驗證基準，並經依本法規定驗證合格，或符合第十七條第一項規定之進口農產品。

（五）有機轉型期農產品：指農產品生產、加工、分裝及流通過程，於轉型為有機農產品之期間內，符合中央主管機關訂定之驗證基準，並經依本法規定驗證合格者。

（六）有機農產品標章：指證明為有機農產品所使用之標章。

（七）標示：指農產品於陳列販賣時，於農產品本身、裝置容器、內外包裝所為之文字、圖形、記號或附加之說明書。

（八）認證機構：指經中央主管機關審查許可，具有執行本法所定認證業務資格之機構或法人。

（九）認證：指經認證機構與機構、學校或法人以私法契約約定，由認證機構就其是否具經營本法所定驗證業務資格者，予以審查之過程。

（十）驗證機構：指經認證合格，得經營驗證業務之機構、學校或法人。

（十一）驗證：指驗證機構與農產品經營者以私法契約約定，由驗證機構就特定農產品之生產、加工、分裝及流通過程是否符合本法規定，予以審查之過程。

四、「有機農產品暨有機轉型期農產品驗證基準與其生產加工分裝流通及販賣過程可使用之物質」中第一章驗證基準第一部分共同基準（民國 108 年 6 月 5 日頒布）

網址：https://www.afa.gov.tw/cht/index.php?code=list&ids=353&mod_code=view&a_id=405

第一章　驗證基準

第一部分　共同基準

一、包裝

（一）包裝方法應以簡單為原則，避免過度包裝，且在未打開或破壞封條之前，無法更換產品內容。

（二）應採用可生物降解、可循環再利用或再製之包裝材料。但上述包裝材料無法取得或不適用時，始得使用一般之包裝材料。

（三）禁止使用含有殺菌劑、防腐劑、燻蒸劑、殺蟲劑、可遷移螢光劑、禁用物質及其他會污染產品之包裝材料。

（四）允許使用二氧化碳及氮氣作為包裝填充劑及使用真空包裝。

（五）盡量使用對人體無害之印刷油墨及黏著劑。

（六）包裝材料儲存應保持清潔及衛生，避免產品受污染。

二、儲藏

（一）有機農產品及有機轉型期農產品（以下合併簡稱有機產品）於儲藏過程中不得受到其他物質污染，倉庫必須乾淨、衛生、明亮，防止有害生物進入或無有害物質殘留。

（二）除常溫儲藏外，允許使用空氣、溫度及溼度等環境控制方法進行儲藏。

（三）有機產品如與非有機產品存放於同一倉庫時，應加以區隔並明確標示，以避免產品混淆，並應妥當存放產品使其可追溯且清楚被辨識。

三、運輸與配售

（一）運輸工具於裝載有機產品前應清洗乾淨並保持清潔，運輸過程中應避免受到污染。

（二）有機產品於運輸與配售過程中，不得損毀其外包裝上之標示及有關說明。

（三）有機產品與非有機產品一同運輸或配售時，產品須經妥善包裝及明確標示，避免產品混淆。

四、紀錄

（一）需有足資證明產品有機完整性之相關作業紀錄及單據憑證。

（二）應具備設施、設備及場地之清潔與管理紀錄。

（三）如同時生產有機與非有機產品，或向多家驗證機構同時申請驗證時，應有自主管理機制，及可提供各自生產數量、標章使用及販售情形之紀錄，並接受不同驗證機構聯合稽核。

五、有機產品之生產、加工、分裝、流通及販賣過程使用物質之原則規定

（一）應使用天然物質。但第二章生產加工分裝流通及販賣過程可使用物質禁止使用者除外。

（二）使用合成化學物質者，以第二章生產加工分裝流通及販賣過程可使用物質規定可使用物質為限。

參考文獻

行政院農業委員會農糧署—農糧法規—農業資材類。2019。有機農產品有機轉型期農產品驗證基準與其生產加工分裝流通及販賣過程可使用之物質—第一章。資料來源：https://www.afa.gov.tw/cht/index.php?code=list&ids=353&mod_code=view&a_id=405

行政院農業委員會農糧署—農糧法規—農業資材類。2019。有機農產品有機轉型期農產品驗證基準與其生產加工分裝流通及販賣過程可使用之物質—第二章。資料來源：https://www.afa.gov.tw/cht/index.php?code=list&ids=353&mod_code=view&a_id=405

CHAPTER 6

有機農業對環境與人類健康的影響

一、前言

　　農業包括農、林、漁、牧之種植與養殖，以及其產品之加工與利用。因大部分之農業生產是在露天的大自然條件下進行的，受大自然環境的各種因素影響甚大，相對地農業生產管理也會影響環境中的各項因素，諸如土壤、水源、大氣及生物等。

　　尤其是現代的農業，為了提高作物產量，防止病蟲草害的發生，大部分依賴施用化學肥料及化學農藥取代以往的自然栽培模式。施用化學肥料與農藥雖然能達到增產的目的，卻也引起了環境的破壞。許多地區的土壤，因為化學肥料及化學農藥的過量使用，導致土壤酸化、有機質缺乏及微生物相的改變，以及土壤物理性如通氣性、團粒結構等的劣化。化學農藥的使用雖控制了病蟲草害的發生，減少除草所需人力，但農藥的殘毒也造成了人體的傷害，破壞自然界生態平衡，及病蟲害抗藥性增強，不僅使後代子孫無適當的耕地可使用，更使自然環境嚴重破壞，影響農業永續經營。

　　美國著名的生態學家瑞秋・卡森（Rachel Carson）撰寫之巨著《寂靜的春天》（*Silent Spring*）於 1962 年出版，其內容所描述人類發明的各類化學藥物對人類及生物所產生的潛在危害及對環境造成之重大影響，震驚世人，也引起各界人士對環境生態保育的高度重視。

二、環境的污染問題

　　土壤是培育植物生長之母，而近代人類產生的各種污染物可能被土壤吸附，有些則經微生物轉化使污染物降解或轉化成其衍生物。雖然土壤對外來污染物具有容忍能力和淨化的能力，但是如果污染物的添加量或累積添加量超過土壤的容忍能力和自然淨化能力，則污染物會明顯地影響土壤的物理、化學及生物性與生產力，進而影響農作物生長和產品品質。

　　土壤污染及劣化的原因：

（一）酸雨導致土壤酸化

工業生產之二氧化硫、氮氧化物及揮發性有機物等酸性物質排放至大氣中，生成酸性雨水，所引發造成土壤過度酸化。

（二）水質優養化

過量施用化學肥料導致氮、磷等養分之排放及流失，引起水質惡化。

（三）有毒物質擴散

化學農藥與工業產生之有害化學物質、飼料中重金屬與其他相關污染物質之排放及使用，導致土壤及水源污染。

（四）畜產廢棄物

畜產養殖產生之動物糞尿未經妥善處理，肆意排放導致之污染。

三、氣候暖化的影響

2020 年的 4 至 6 月歐盟哥白尼氣候變化服務（Copernicus Climate Change Service, C3S）的報導，全球 CO_2 的濃度已超過 417 ppm，比工業化早期的 278 ppm 高出 50%。2019 年全球溫室氣體排放量（包括因土地利用變更而產生）達到 591 億噸二氧化碳當量（Carrington, 2021; Copernicus, 2021）。

聯合國糧農組織與氣候變遷有關之國際組織均呼籲應重視有機農業與增加全球土壤碳匯（Carbon Sink）管理行動（FAO and ITPS, 2021），原因為有機農業的相關措施，特別重視土壤有機質含量，是以改善土壤物理、化學及生物性質為主的農業生產模式；土壤中固定 1 磅的碳，等於是從空中吸取 3.5 磅的二氧化碳。國際上千分之四的倡議，農地中每年應該增加千分之四的有機質含量，如此，便可降低全球農業區域排放二氧化碳的數量，同時可增加土壤抗流失、保水性、肥力及生物多樣性等功效，其實這也是有機農業可提供的一項重要效果（施雅惠與陳琦玲，2022；賈新興，2022）。

慣行農業及現代的生活方式，已造成許多危害全球環境、人類生計及未來生存條件的現象，其中尤以全球氣候變遷的影響，最受世人關注；農業是造就全球氣候變遷的主因之一，因為農業措施而砍伐森林、飼養動物、機械化與濫用農業化學物品。農業所造成碳匯的損耗，主要是源自於土壤及森林，土壤中碳的減少，則是由於農業機械化、使用化學肥料及農藥所致（Sachs *et al.*, 2021）；而森林則是因為砍伐、大火、土地變更使用等造成森林覆蓋面積減少之故，大量的二氧化碳排放，導致氣溫上升，農產品的產量均會因氣溫上升之故而減產。2015 年 12 月 12 日由聯合國 195 個成員國共同參與的氣候峰會（COP21）中通過的氣候協議，即《巴黎協議》（Paris Agreement），以取代《京都議定書》，期望將全球平均氣溫升幅控制在工業革命前水準低於 2℃ 之內（邱祈榮與林俊成，2016；吳文希與陳尊賢，2022）。

而臺灣百年以來平均溫度長期變化顯示暖化現象十分明顯，但降雨日數則普遍呈現減少的趨勢，主要為小雨日數（日雨量 <1.0mm）大幅度減少所造成，推估未來臺灣乾溼季節的差異將愈趨明顯（盧孟明等，2012）。溫度過高或過低都影響細胞膜的通透性，直接妨礙植物對水分和礦物養分的吸收，溫度的高低能改變空氣溼度而間接地影響蒸散，溫度的變動能直接影響氣孔的開關，並使角質層蒸散與氣孔蒸散的比率發生變化。一般來說，溫度愈高，蒸散作用愈強烈，如果溫度的升高，引起蒸散作用損失的水分超過根部吸收的水分，植物可能發生萎凋，甚至死亡之情況。

四、有機農業對環境的功效

美國羅德爾研究所自 1981 年始，連續從事 40 年的田間耕種系統比較試驗，發現有機耕作比慣行耕作，可減少使用 45% 的能源；慣行耕作生產每磅作物時，較有機耕作多排放近 40% 的溫室氣體。所以於 2012 年全球溫室氣體排放總量約為 520 億噸（Gt）二氧化碳當量（CO_2e）時，所有的農田若轉換成有機農業，則可封住年排放量的 40% 以上的二氧化碳當量（約計 210

Gt）；若全球所有的牧草種植區域也均以有機農業方式生產，則可能可封住 71% CO_2e（約計 370 Gt）（Rodale Institute, 2014）。

有機農業是維護土壤健康、穩定糧食產量、增進食品安全、降低農業所排放溫室氣體的分量、維護生態及生物多樣性、增進農民福祉及提供社會健康衛生等功效的生產型態。

（一）降低環境壓力

臺灣地區一年產生之農作物殘渣、稻殼、家禽畜排泄物等達兩千多萬公噸，如未妥善處理將造成嚴重的環境污染問題。有機農耕倡導循環施用農牧廢棄物等各種有機物質，不但可降低這些物質因腐敗分解而產生的各種分解物對環境之污染，且因這些物質含多量的各種營養元素，可取代化學肥料，兼具節省能源及資源之功效。有效處理這些農業廢棄物，可改良土壤性質，提供作物營養元素，以及提高作物之產量與品質。諸多試驗結果也證明施用有機質肥料明顯較施用化學氮肥所產生的氮淋洗、揮失及脫氮等損失均較少，降低了環境氮的污染（王鐘和等，2000；王鐘和，2011）。

（二）避免環境污染及生態失衡

慣行農耕施用各種化學農藥、化學肥料及化學生長調節物質等，不但嚴重影響土壤生物的生存，且降低土壤品質，更造成生態嚴重失衡，不利地球上生物的生存。有機農業倡導不使用化學肥料及農藥，而以栽培抗病蟲品種，微生物製劑取代化學農藥，或利用天敵，以及物理方法如套袋、誘殺板、捕蟲燈等方式來防治病蟲害，此種栽培方式，當可減少對環境的衝擊，避免河川、湖泊及水庫中化學農藥累積或優養化現象，維護水源之品質。

（三）防止土壤沖蝕，維護耕地品質

有機農業講求混作、間作及輪作，土壤表面有各種作物覆蓋保護，可避免雨水直接沖刷，減少土壤流失，以及避免形成表面結皮，而影響土壤之物理性。另外，有機栽培法使用有機質肥料，不但可促進微生物繁殖、增強土壤構

造、增加土壤滲透力及保水力，亦能有效防止土壤沖蝕。

（四）減緩氣候暖化

　　有機栽培法不施用化學合成物質，可減少生產化學肥料及化學農藥產生之碳排放。施用有機質肥料，可以改善土壤物理、化學及生物性質，恢復地力，提高土壤的生產力，並採行與豆科植物輪作、間作或輪作綠肥之輪間作制度，可減少病蟲草害發生之機率，因而促進作物生長，提高固定的碳量，釋放較多的氧氣，改善空氣品質。有機農田長期施用有機資材可顯著提升土壤有機質含量，不但具有將碳儲存於土壤中的意義，且減少土壤環境中 CO_2 及 N_2O 等溫室氣體的排放，減緩氣候暖化的趨勢。且因施用有機質肥料，提升土壤有機質含量與生產力，可促進作物生長及增加對逆境的忍受力，因此會有更多的作物乾物質可以循環回農場土壤中，增加碳匯。另外，有機農田中之有機態氮變成 N_2O 損失的比率也顯著比慣行農田中因施用化學氮肥而形成的 N_2O 損失較低。

五、有機農業對人類的影響

（一）維護人類健康

　　有機農耕重視所施用物質中農藥、重金屬及化學藥劑的管控，營造健康且生態平衡的生產環境。有機農場是一個友善環境，非常適合管理者和消費者樂活，具生產、生態及生活三生一體的高品質農場。且依循政府訂定之「有機規範」進行有機耕作管理，生產出安全且有益健康的優質有機農產品。依據95～109 年有機農產品農藥檢測的資料顯示，15 年內有機農產品的農藥未檢出率達 99.1%（圖一）（王鐘和等，2006；王鐘和，2021）。相關資料也顯示有機農產品因受到昆蟲的刺激及較高的礦物質含量而有較高的抗氧化物含量。有機栽培的作物根部因為能吸收有機態氮，較施用化學肥料的慣行栽培產品有較低的硝酸態氮含量，僅為其 50%（Lairin, 2010; Średnicka-Tober et al., 2016; Popa et al., 2019）。

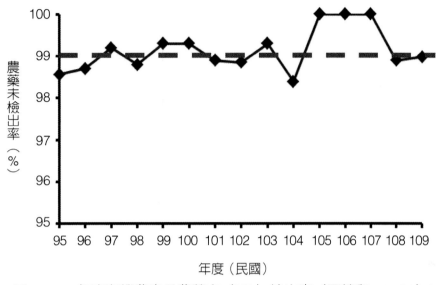

圖一　15 年來有機農產品農藥未（ND）檢出率（王鐘和，2021）

（二）振興農村經濟

　　休閒有機生態農業實際上是一種具有多效益的複合型農業，一方面可帶給農民較佳的經濟效益，因而振興農村經濟；另一方面又提供了眾多的社會福祉，及積極改善我們的生態環境的效益，且可增強有機農業的發展。當個別的有機生態農場的經營上軌道後，可影響附近的鄰居，形成共同的理念，擴大成有機生態村、里等，甚至有機鄉鎮的產生也是值得期待的。

參考文獻

王鐘和、林毓雯、丘麗蓉。2000。從作物營養需求特性談有機質肥料施用要領。有機質肥料應用技術研討會專刊。中華永續農業協會編印。臺中，臺灣。P.44-64。

王鐘和、柯立祥、余伍洲、周瑞瑗、黃萬傳。2006。休閒有機農業的三生功能。第五屆海峽兩岸科技與經濟論壇研討會。P.1-3。

王鐘和。2011。有機質肥料施用技術。台灣有機農業技術要覽（上）。財團法人豐年編印。P.145-150。

王鐘和。2021。台灣有機農業的內涵與發展策略及願景。110 年全國有機日慶祝活動暨有機農業產銷技術研討會。台灣有機農業產業促進協會編印。

施雅惠、陳琦玲。2022。臺灣達千分之四倡議目標的策略研擬。農業世界。第 461 期。農業世界雜誌社編印。P.4-10。

賈新興。2022。淨零排放與農業。農業世界。第 463 期。農業世界雜誌社編印。P.30-34。

吳文希、陳尊賢。2022。中華氣候變遷暨農業發展學會。農業世界。第 463 期。農業世界雜誌社編印。P.34-48。

邱祈榮、林俊成。2016。由京都議定書到巴黎協議—論森林在全球氣候變化議題中角色的轉變。專輯：林業碳匯。第 42 期。P.3-11。

瑞秋卡森。1962。寂靜的春天（*Silent Spring*）。

盧孟明、卓盈旻、李思瑩、李清滕、林昀靜。2012。臺灣氣候變化：1911～2009 年資料分析。中央氣象局。P.297-321。

Carrington, D. 2021. Climate crisis: 2020 was joint hottest year ever recorded. *The Guardian* (1/8).

Copernicus. 2021. 2020 warmest year on record for Europe; globally, 2020 ties with 2016 for warmest year recorded. https://climate.copernicus.eu/sites/default/files/2021-01/C3S-Annual-end-of-year-2020_notes-to-editors.pdf

FAO and ITPS. 2021. *Recarbonizing global soils: A Technical manual of recommended management practices*. Vol. 1-6.

Lairin, D. 2010. Nutritional quality and safety of organic food. A review. *Agronomy for Sustainable Development*, 30: 33-41.

Popa, M. E., A. C. Mitelut, E. E. Popa, A. Stan, and V. loan Popa. 2019. Organic foods contribution to nutritional quality and value. *Trends in Food Science & Technology*, 84: 15-18.

Rodale Institute. 2014. Regenerative organic agriculture and climate change - a down to earth solution to global warming. P.24.

Sachs, J., C. Kroll, G. Lafortune, G. Fuller, and F. Woelm. 2021. Sustainable Development Report 2021. The Decade of Action for the Sustainable Development Goals, Cambridge University Press, Cambridge, UK.

Średnicka-Tober, D., M. Baranski, C. Seal, and R. Sanderson. 2016. Composition differences between organic and conventional meat: A systematic literature review and meta-analysis. *The British journal of nutrition*, 1(6): 1-18.

CHAPTER 7

有機農業的土壤管理

一、前言

　　土壤是植物的自然培養體，為植物生長的場所，對植物作機械的支持，另一方面供給植物所需之大部分營養元素（郭魁士，1974）。在植物生長的過程中，土壤中的養分無時不起化學、物理化學與生物化學的變化，其結果使一部分原本無效的養分成為有效，而後供植物吸收與利用，但也有另一部分養分從有效變為無效（王鐘和，2000）。土壤的各種性質均會影響植物根系的生長與對水分、氧氣及養分的吸收（郭魁士，1974；陳振鐸譯，1981）。健康的作物、動物與人類的基礎是健康的土壤，而有機農業強調土壤是一個活的系統，發展有益的生物活性是此定義的中心。土壤是活的，健康的土壤是有機農業的基礎（鍾仁賜，2008）。

二、問題土壤的改良

　　土壤受氣候、地形、母質、植被及人為因素的操作，如施肥、機械耕作、灌排水及栽培作物種類等的影響，而改變土壤之物理性、化學性及生物性質，這些改變往往導致土壤過酸、過鹼、排水不良、質地過砂或過黏、具有硬盤或鐵錳積聚層及營養不平衡的現象，使其成為土壤生產力的限制因子，必須加以改良，才能維持植物正常生長。

（一）強酸性土壤的改良技術

　　臺灣地處熱帶和亞熱帶，高溫多溼，土壤礦物風化迅速，土壤鹽基經雨水淋洗流失量多，更由於採行集約式農業經營，耕作頻繁，作物自土壤中吸收大量鹽基，以及化學肥料大量施用等，致使土壤之酸化相當普遍。土壤酸化後對作物之生育產生各種阻礙，故為維持土壤正常之生產力，土壤酸性化之預防或酸性之改良乃甚重要。統計臺灣耕地已調查面積 80 萬公頃中，pH 5.5 以下之強酸性土壤則有 28 萬公頃之多，占總面積之 35%。農田肥力能限調查 57 萬 3

千公頃（主要為水田）中，臺灣農田與山坡地土壤不同 pH 值面積分布百分比如表一。以上資料大體一致，即平地耕地中強酸性土壤約占 35%，達 28 萬公頃左右。另據山地農牧局調查海拔 100 公尺以上、1,000 公尺以下之山坡地共 98 萬 9 千 5 百公頃中，pH 5.5 以下之中強酸性土壤則占總面積之 76%。可見坡地土壤之酸性問題較平地農田更為重要（陳仁炫，1991；王鐘和，2003）。

表一　臺灣農田與山坡地土壤不同 pH 值面積分布百分比

pH	農田（%）	山坡地（%）
<4.5	4.8*	22.6**
4.6～5.5	33.4	53.3
5.6～6.5	23.9	18.7
6.6～7.5	15.3	2.7
7.6～8.5	22.0	2.6
>8.5	0.7	0

*1982 年農田肥力能限調查資料統計所得
** 郭鴻裕氏依據山地農牧局 1984～1986 年資料統計所得

　　酸性土壤改良的一般原則為：中質地土壤改良 15 公分的土層一個單位（例如 pH 4.0 改良至 5.0），需添加石灰 1,500 公斤／公頃，細質地土壤需增加用量為 2,000 公斤／公頃，粗質地土壤則為 1,000 公斤／公頃。如果要改良 30 公分深，則需施用兩倍量（30 公分 ÷15 公分＝2）（王鐘和與林毓雯，2015）。

（二）砂土的改良技術（陳仁炫，1991）

1. 客土

　　客入黏質土壤於砂土為最佳的根本對策，因它永久提高砂土的土壤肥力、保水力及保肥力。

2. 有機物的施用

　　砂土因保水及保肥力均低，因此可多施用有機物，因有機物可以改善土壤

結構，增進保水及保肥力，且有機物中的養分可在被微生物分解過程中緩慢釋放出，流失較少。

（三）重黏土的改良技術（陳仁炫，1991）

1. 客砂

客入砂後使土壤中含黏粒的百分率降低，而改善理化性，尤其是排水性及通氣性，此為最直接且永久的有效改進方法。

2. 有機物的施用

大量施用粗大有機物如廄肥、堆肥、綠肥、穀殼、作物殘體等，並耕犁翻動使其與緊密的黏土充分混合，則可使土壤較為疏鬆，降低土壤的內聚性，黏著性及塑性，利於田間各項操作，對孔度及粗孔隙均可增加，直接改善水的滲透與空氣的流通。另外，有機物分解形成許多代謝產物，此代謝產物為良好的有機膠結劑，能膠結土粒產生穩定性的構造，促進黏粒結合成團粒的作用，及促進微生物的繁殖，而大量的微生物能直接促進團粒作用，因此施用有機物不僅可供應作物生長所需的營養，且可以改善土壤物理性。

3. 深耕

重黏土不僅土壤較堅密，且易有堅硬的犁底層存在，阻礙根的伸長、排水及空氣的流通，利用深耕犁翻耕打破堅實犁底層而促進空氣及水的流動，增加孔隙度，促進土壤疏鬆，降低容積密度，擴大根群發展的領域。

三、有機農田土壤培育策略

臺灣地處熱帶、亞熱帶之間，氣溫高，雨量多。土壤有機質分解速度快，部分耕地土壤有機質含量較低（林家棻，1980；連深與郭鴻裕，1995）。土壤中所含的植物營養元素經雨水淋洗流失量多，必須適當地補充有機質及營養元素，作物才能正常的生長。廣義的「肥料」是指能肥田之物料，一切物料無論是施於土壤或植物之葉部，能直接提供作物營養分或能改良土壤之物理、

化學與生物性質，有益作物生長及營養元素之吸收，增加作物之產量或改善產品之品質者，均稱為肥料。

　　有機質肥料雖有提升土壤理化及生物性質的功能，但因其屬緩效性肥料，必須被微生物分解礦化釋出養分離子，才能被作物吸收利用，其礦化速率除與土壤環境因子有密切相關外，尚受其氮含量、碳氮比、木質素及多酚化合物等之含量而影響（林毓雯等，2003）。且因品質不一，故較不易拿捏施用技術（王鐘和與林毓雯，1999）。有機農田應用各種有機物質來培育土壤有良好的品質，概略可分列如下：

（一）施用各類有機物質

　　循環施用各種有機物質於土壤中，最普通的有機物質有：綠肥、農場堆廄肥、作物殘株及市售有機質肥料等。因而可提升土壤品質，促進作物生長，產生大量有機物質，可回饋較多的植物殘體至土壤中。

1. 種植綠肥

　　綠肥主要可分為兩種，分別為豆科及非豆科：豆科植物因其根部與根瘤菌共生，能固定空氣中游離的氮素，轉供植物攝取，提供綠肥作物更多氮素養分，掩施後可增加土壤中氮肥之含量，對需氮肥較多之作物幫助甚多。而非豆科綠肥多為禾本科野生草類，各地普遍均存在，其生長快速、來源多、碳氮比較高，而且鬚根系發達，有益於土壤團粒的形成，常作為混播用綠肥。

　　綠肥的應用功效甚多，對土壤的物理、化學及生物相都有正面的影響，可促進作物生長，在輪作系統中，如果時間允許，盡可能讓綠肥作物生長較長的時間，可獲得較多的乾物質（包含地上部及地下根系）（圖一）（王鐘和，1993），回饋較多有機殘體於農田中，增加土壤有機質之含量。且大量根系可穿透密實的耕犁層，改善土壤的物理性，增加透水性（圖二）。

2. 農場內作物殘株及市售有機質肥料的應用

　　(1) 有機農場內之作物殘株不要焚燒，作為田面敷蓋或翻犁入土壤中，均可增加土壤有機質含量，提升土壤品質。

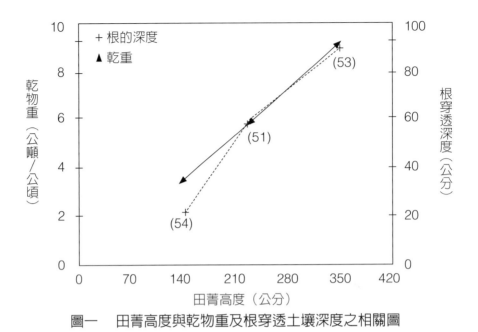

圖一　田菁高度與乾物重及根穿透土壤深度之相關圖
（括弧內為每平方公尺株數）

圖二　綠肥田菁生育日期愈長，地下部乾物質愈多，且其根系愈發達，有助於土
　　　壤團粒的形成，並且穿透密實的耕犁層，改善土壤透水性

(2) 市售有機質肥料種類繁多，大致可分爲難分解型與易分解型兩種：難分解型一般是以稻殼、樹皮、木屑、作物殘株等堆製腐熟而成之有機質肥料，含豐富纖維素及木質素，但氮、磷、鉀三要素含量較少，碳氮比較高，因其在土壤中的分解較慢，適宜用在提高土壤有機質含量，改良土壤理化性質和促進土壤微生物活性，使作物根部有良好生長環境。易分解型一般以禽畜糞、動物性廢棄物、油粕類等腐熟而成之有機質肥料，含纖維質較少，氮、磷、鉀三要素含量高，碳氮比低，其所含養分在土壤中分解釋放較快，增加土壤有機質的能力較低。施用時應注意其釋出之要素養分量。林毓雯等人（2003）也指出碳氮比較低的有機質肥料礦化的速度較快。施用碳氮比較高的有機質肥料確可提升土壤有機質及肥力，但對短生育期的蔬菜作物會有氮素供應不足的情形產生，可配合施用部分碳氮比低的肥料如植物渣粕肥料，因被分解的速度較快，可以促進養分吸收及作物生長（Wang, 2013）。另外，碳氮比低的植物渣粕肥料雖有快速供應多量氮素的功能，但連續多次使用，不但不會增加土壤有機質含量，還會造成土壤中原有之穩定性腐植質被分解而減少，值得加以注意。

(3) 有機質肥料的施用要領：考量有機質肥料之特性、考量作物種類與需肥特性、注意堆肥品質、不同性質有機質肥料搭配分別當基追肥使用、配合良好的水分管理等。

(4) 液態有機質肥料之施用：有鑒於有機質肥料所含養分之礦化釋放，受肥料性質及土壤環境的影響甚大，不易拿捏適當的施用量，常造成養分過量累積之負面影響，要避免此種情形，除了要依土壤肥力之診斷結果，確實控制有機質肥料的施用量外，可再配合施用液態有機質肥料來調節作物生長的營養需求。

（二）良好的農耕技術

1. 敷蓋與草生栽培

適當的農耕技術如敷蓋及草生栽培等均有助於土壤有較適宜的生長溫度及較佳的品質，可促進作物生長（江衍國與王鐘和，2012；Tindall *et al.*, 1991）。畦面敷蓋植株殘體（如稻草、雜草及綠肥作物等）具有調節土壤溫度、涵養土壤水分及養分、抑制雜草生長與提供土壤有機質等優點。因此，作物有機栽培時，栽種綠肥作物，其植株採行不整地方式作為地面敷蓋的方式，可以改善土壤的物理性質，促進作物根系生長，增強植株生長勢，有助其抗逆境之能力。並因而可獲得較多植物殘體補充土壤有機質（圖二及圖三）（王鐘和，1993）。

圖三　夏季栽植豆科綠肥田菁，秋作玉米採行不整地施肥播種，田菁作為田面敷蓋的情形

2. 週年的輪間作制度

有機農場必須強調生物多樣化，採行促進生態平衡的輪作、間作及混作等耕作技術。一整年之中農場內隨時有多種植物生長，在農場內生長的各種覆蓋作物，隨時在產生性質不同的各類有機物質，可培養複雜的微生物種類，且補充表層及底層土壤的有機質含量，既促進生態平衡，又增進土壤品質（圖四及圖五）。

圖四　日本的有機農場於一年中輪作、間作栽培 48 種蔬菜作物，外加水稻及各種
　　　忌避植物，可生產各類之有機物質，不僅促進生態平衡，藉由生物控制來
　　　防治病蟲害，亦可增加土壤品質

圖五　臺灣的有機蔬菜園週年於設施中採行各類蔬菜作物的輪間作，另外，加入少
　　　量果樹，創造生物歧異化的生態系統

（三）最低耕耘及不整地栽培的管理技術

　　農田土壤因地表植被的剷除，集約耕作破壞表層土壤構造，而喪失自然保護的功能，易受到強風暴雨等吹打造成嚴重的沖蝕，經過長年不當的使用造成土地的貧瘠與劣化，所以必須給予適當的保育措施，以防止土壤沖蝕，保持土壤良好性質，維持土地生產能力及水源涵養等功能。

　　一般農耕栽培多採整地後種植作物的模式，雖可減少雜草數量，方便種植。但也因而消耗油料，耗損農機、金錢及時間，易衍生表層土壤粗孔隙過多，導致作物幼苗缺水及磷吸收困難，產生密實耕犁層影響作物根系生長，以及土壤團粒被破壞，遇雨易形成土壤表面結皮，妨礙種子發芽及幼苗生長等負面影響（圖六及表二）（王鐘和，1993，2022）。

圖六　大型農機具長期耕犁，致使犁底層出現，嚴重影響作物根系的生長，及幼苗植株缺水與養分吸收困難（右上圖玉米幼苗明顯有磷缺乏徵狀）

（王鐘和，1993，2022）

表二　耕犁與否及有無敷蓋綠肥田菁對土壤粗孔隙率、易有效水分、總體密度及
　　　總孔隙率之影響

處理區別 Treatments	粗孔隙率（%） Porosity (%) at pF 1.5	易有效水分（%） Moisture (vol.%) between pF 1.5 & pF 3.0	總體密度 Bulk density	總孔隙率（%） Total porpsity
不整地有田菁	13.8	15.4	1.21	54.3
不整地無田菁	5.2	14.5	1.36	48.7
整地無田菁	28.5	12.2	1.02	61.5
日本國家 之標準	>10	>15		

（王鐘和，1993，2022）

　　雖然耕犁整地可翻鬆土壤，促使好氣微生物增殖，加速分解土壤有機質，提供較多的有效氮，但也因而造成土壤有機質含量降低，導致土壤有機碳含量減少（Wander *et al.*, 1998）。而不整地栽培方式之土壤物理性質較佳，玉米根系活性較佳，有較高的子實產量、氮肥吸收率及氮素利用效率（王鐘和，1993，2022）。Lian（1986）指出玉米根系於土壤機械阻力較小之環境生長較佳，在無耕犁層的田區，根系分布達 60 公分深，其玉米產量為 7.5 公噸／公頃；反之，在有耕犁層的田區，玉米根系生長受阻，90% 以上的根生長在上層土壤中，子實產量僅為 5.0 公噸／公頃（圖七）。因此，不耕犁或減少耕犁能幫助植株之生長，進而提高產量，而過度耕犁不僅造成土壤有機質和養分加速流失，易致使土壤硬底層之形成，影響作物生長（王鐘和，1993）。有鑒於現今農業生產體系鼓勵施用有機質肥料，已顯著提升一些農田土壤（例如有機栽培農田）的有機質含量，但這些農田在一年之中，如果進行多次整地種植工作，則可能促使多量土壤有機質被分解，造成碳損失（Wander *et al.*, 1998; Chang *et al.*, 2014）及飽和導水度降低（Reynolds *et al.*, 2000），致使品質下降。

　　採行最少耕犁之環境耕犁或不耕犁的耕作模式甚為重要。耕犁雖可改善土壤通氣，促進微生物活動等因素，但也消耗土壤有機質以釋出其養分供應作物

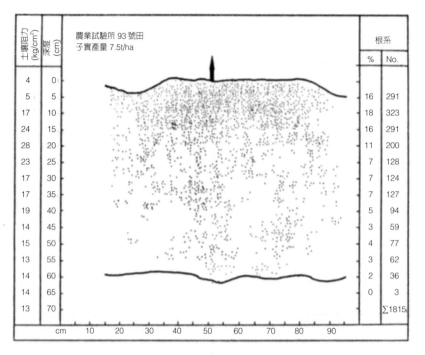

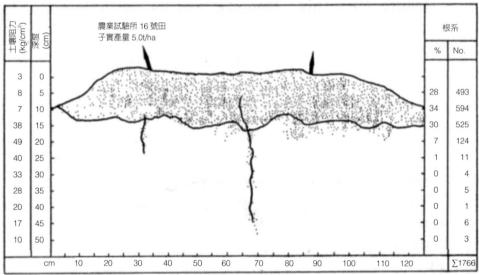

圖七　兩種不同土壤剖面中玉米根系之生長狀況（上圖無耕犁層），玉米根系生長
　　　分布在 60 公分深的土層中，子實產量達 7.5 公噸／公頃，而經常耕犁之田
　　　區，9 成的根系被限制在耕犁層之上（約 10 公分深）土層中，子實產量僅
　　　5.0 公噸／公頃

（Lian, 1986）

所需，過度耕犁使土壤易受侵蝕，流失土壤有機質和養分。因此，減少耕犁是降低土壤腐植質損失的良策（林景和，2004）。

　　創造適合作物根系生長的土壤環境，不耕犁之栽培模式搭配綠肥作物作為田面敷蓋之管理策略是必不可少的，其優點有：土壤適當之粗孔隙率（不會太多及太少）、較高之有效水分、土壤水分含量較穩定，而耕犁區的鬆弛表土之水分易散失，形成過度乾燥（圖八）。旺盛的田菁根系深入土中形成之根孔，使土壤有較高之入滲速率，有助於後作作物之生長，採行之不整地田菁表面敷蓋的種植模式，土壤性質較佳，玉米植株從生育初期至中後期均較佳（圖九）。採行不整地田菁敷蓋區的玉米植株在四個月後（收穫時）的根系明顯較多、較白及有活力（圖十），並提高產量（圖十一）（王鐘和，1993，2022）。

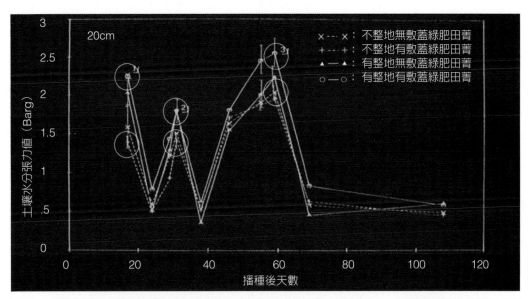

圖八　整地區土壤乾溼變動較激烈，經常過度乾燥（實線），不整地區較緩和（虛線）

（王鐘和，1993）

圖九　採行不整地綠肥田菁敷蓋區之玉米植株生長顯著較整地綠肥田菁敷蓋區快，且植株較強勢

（王鐘和，1993，2022）

圖十　整地與否及有無敷蓋綠肥田菁試驗之玉米植株根系於生長 4 個月後收穫時，不整地有敷蓋綠肥田菁試區之玉米植株有大量白色具活性的根系

（王鐘和，1993，2022）

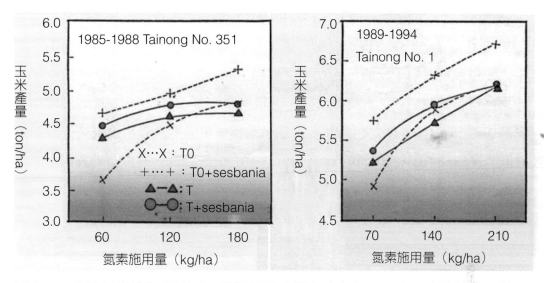

圖十一　水稻玉米輪作系統下，綠肥田菁中間作之有無及玉米田之整地與否對玉米收量之影響試驗，結果顯示台農 351 品種（1985～1988 年）及台農 1 號品種（1989～1994 年）都以不整地有田菁作為田面敷蓋處理（T0 + sesbania）之產量顯著高於其他處理

（王鐘和，1993，2022）

（四）土壤診斷推薦施肥

　　土壤診斷係指利用化學分析方法，測定農田的代表性土壤樣品的若干物理化學性質與有效養分含量，藉以診斷該農田土壤的肥力狀況，進而推薦施肥量。目前臺灣已完成應用土壤速測進行水稻、玉米、甘蔗、花生、大豆等作物之磷、鉀需肥診斷試驗，推薦合理的施肥量，亦已建立果樹及茶樹之土壤與葉片營養診斷技術與應用服務。

　　由於臺灣的溫度較日本高，土壤中有機質分解較快，因而連續施用有機質肥料之土壤有機質含量較日本低（陳琦玲與連深，2002）。長期施用有機質肥料可能導致土壤中累積多量的有機質及營養鹽，致使大量的有機質被分解，礦化釋放的養分量超過作物生長所需的量，也有污染環境之慮。長期（2000～2009 年）連續施用不同有機質肥料於設施蔬菜有機栽培的試驗資料，顯示除

了粗類以外的有機質肥料前 6 年均明顯增加土壤有機質含量,後 3 年雖繼續施用,但並未提高土壤有機質含量,顯示土壤中有大量的有機質分解損失(圖十二)(羅秋雄與李宗翰,2010;王鐘和,2013)。長期(1989~2009 年)連續施用有機質肥料之有機栽培區,土壤的有機質含量在前 10 年明顯增加,但於 2000 年以後增加之幅度甚小,顯示土壤中可能有多量有機質被分解損失(圖十三)(戴順發等,2010;王鐘和,2013)。因此,建立有機農田土壤診斷施肥推薦技術,供調節施肥之依據,甚為重要(王鐘和,2013)。

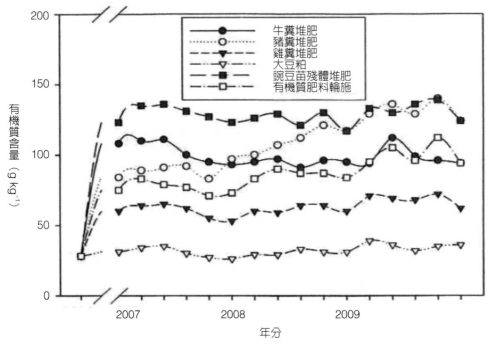

圖十二　有機質肥料施用對土壤有機質含量之影響

(羅秋雄與李宗翰,2010)

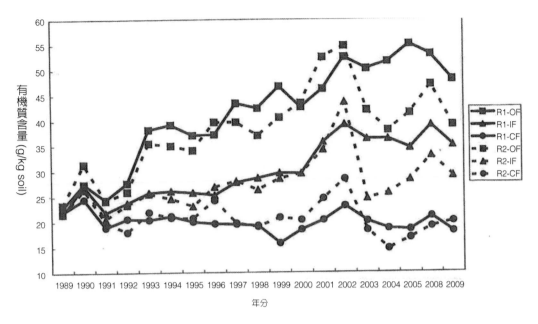

圖十三　作物收穫期表土之有機質含量

（戴順發等，2010）

四、「有機農產品暨有機轉型期農產品驗證基準與其生產加工分裝流通及販賣過程可使用之物質」中之第一章第三部分作物六、土壤肥培管理及第二章生產加工分裝流通及販賣過程可使用物質二、作物生產（二）土壤肥培管理可使用物質（民國108年6月5日頒布）

網址：https://www.afa.gov.tw/cht/index.php?code=list&ids=353&mod_code=view&a_id=405

（一）適時採取土樣分析，瞭解土壤理化性及肥力狀況，作為土壤肥培管理及合理化施肥之依據，且採取之措施應減少養分之流失，並避免重金屬及污染物質之累積。

（二）採取適當輪作、間作或適時休耕、植物敷蓋、就地翻耕等，以維護區域內生物多樣性，保持土壤肥力。

（三）農場內資源優先循環利用，自農場外取得之資材或商品化肥料應經驗證機構審查同意，其中商品化肥料應符合肥料管理法相關規定取得肥料登記證。

（四）不得直接使用人及家畜禽糞尿，必須使用家畜禽糞時，應經充分發酵腐熟處理。

（五）不得施用化學肥料（包含微量元素）及含有化學肥料或農藥之微生物資材與複合肥料。但土壤或植體診斷結果證明缺乏微量元素者，經提出使用計畫，送驗證機構審查同意後，得使用該微量元素，並應符合第二章生產加工分裝流通及販賣過程可使用物質二、作物生產（二）土壤肥培管理所使用物質之規定。

（六）土壤肥培管理物質應符合第二章生產加工分裝流通及販賣過程可使用物質二、作物生產（二）土壤肥培管理可使用物質之規定。

第二章　生產加工分裝流通及販賣過程可使用物質

二、作物生產

（二）土壤肥培管理可使用物質

1. 產製過程經合成化學物質處理或經化學反應改變原理化特性之物質及化學合成物質，除下列規定者外，禁止使用：

名稱	使用條件
(1) 製酒業殘渣（廢酒糟、酒粕或酒精醪）	
(2) 食品及飲料製造業在生產製程中所產生且未添加香料之植物性廢渣（如茶渣、咖啡渣、豆渣、果菜殘渣等）	其廢渣不得含廢水處理之污泥。
(3) 調味或成分調整奶粉	
(4) 矽酸爐渣	矽酸爐渣每年每公頃用量不得超過四公噸。
(5) 植物種子經萃取油分後之植物渣粕（如大豆、花生、亞麻仁、芝麻、菜籽、蓖麻、椰子粕等）	植物種子經萃取油分後之植物渣粕資材使用適量氫氧化鉀萃取者可用。惟產品氧化鉀含量不得超過 3%，腐植質不得低於 1%，且腐植質與氧化鉀含量之比至少為三以上（W/W）。

名稱	使用條件
(6) 蝦殼、蟹殼等經適量鹽酸與氫氧化鉀處理而製得之幾丁質或甲殼素	使用蝦殼、蟹殼等經適量鹽酸與氫氧化鉀處理而製得之幾丁質或甲殼素時,產品之氧化鉀與氯含量分別不得超過 3% 與 2%。
(7) 製糖業產品(糖)、副產物(蔗渣、糖蜜、製糖濾泥)	
(8) 胺基酸	
(9) 海藻精、魚精	

2. 天然物質除下列規定者外,皆可使用:

名稱	使用條件
(1) 工業製程集塵灰	
(2) 智利硝石	
(3) 工業副產石灰	

五、結語

　　有機農場施用各種有機質肥料,固然有助於提升土壤的物理、化學及生物性質,但因有機質肥料屬緩效性肥料,且因品質不一,長期不當的施用,極可能造成土壤中累積多量的有機質及營養鹽、養分不均衡、重金屬蓄積等問題,因而不利作物產量及品質且有污染環境之慮。要避免此種情形產生,需定期採取有機農田土壤,診斷其肥力狀況,並應考慮作物的種類及生育階段,據以調整有機質肥料的種類與用量,此項工作在高溫多雨的臺灣甚為重要。另外,要減少耕犁次數,以避免土壤中累積的有機物質,被好氣微生物快速分解,而排放大量溫室氣體,加劇氣候變遷的負效果。

參考文獻

王銀波。1998。長期施用禽畜堆肥之影響。第一屆畜牧廢棄資源再生利用推廣研究成果研討會論文集。P.144-151。

王鐘和。1993。轉作田玉米栽培技術及氮素營養管理。臺灣大學農業化學研究所博士論文。臺北市。

王鐘和。1998。蔬菜作物之施肥策略。永續農業施肥策略研討會專集。臺中，臺灣。P.20-25。

王鐘和、林毓雯。1999。堆肥施用若干問題探討。第二屆畜牧廢棄資源再生利用推廣研究成果研討會論文集。台灣省畜牧獸醫學會編印。臺中，臺灣。P.199-212。

王鐘和。2000。有機農業之養分管理。作物有機栽培應用技術專書中華永續農業協會編印。臺中，臺灣。P.35-42。

王鐘和、林毓雯。2000。蔬菜連作障礙與土壤改良。蔬菜合理化施肥技術專集。行政院農委會農業試驗所編印。P.55-64。

王鐘和。2003。輪作的意義與要領。農業世界。第239期。P.28-31。

王鐘和、丘麗蓉、林毓雯、曹米涵。2005。長期不同農耕法對氮肥效率、作物生長及土壤性質之影響。有機肥料之施肥對土壤與作物品質之影響研討會論文集。P.129-170。

王鐘和、丘麗蓉、林毓雯。2006。蔬菜水稻輪作田不同肥料施用法對氮磷鉀吸收率及產量之影響。第六屆海峽兩岸土壤與肥料學術交流研討會論文摘要集。P.52。

王鐘和。2013。有機栽培農田土壤有機質管理策略。土壤肥料研究成果研討會：一代土壤學宗師王世中院士百歲冥誕紀念研討會論文集。中華土壤肥料協會編。P.123-132。

王鐘和、林毓雯。2015。石灰資材合理使用及安全性評估。中華肥料協會104年會員大會暨「肥培資材合理及安全使用」研討會。中華肥料協會。

王鐘和。2022。熱帶有機農耕增加土壤碳匯之策略。熱帶農業永續碳管理研討

會。P.233-265。

江衍國、王鐘和。2012。敷蓋及有機質肥料施用方式在不同季節對土壤性質及胡瓜生長之影響。台灣農學會報。第 13 卷 3 期。P.279-295。

行政院農業委員會農糧署—農糧法規—農業資材類。2019。有機農產品有機轉型期農產品驗證基準與其生產加工分裝流通及販賣過程可使用之物質—第一章及第二章。資料來源：https://www.afa.gov.tw/cht/index.php?code=list&ids=353&mod_code=view&a_id=405

吳添益、陳仁炫。2004。不同禽畜糞堆肥的施用對土壤肥力及苦瓜生育的影響。台灣農業化學與食品科學。42(4)：242-250。

李家興、吳茂毅、陳尊賢。2005。在玉米甘藍輪作系統下施用豬糞堆肥四年對土壤及作物品質之影響及評估。有機肥料之施用對土壤及作物品質之影響研討會論文集。P.71-90。

林家棻。1980。台灣農田土壤肥力能限分類調查報告。台灣省農業試驗所編印。

林毓雯、劉滄棽、王鐘和。2003。有機資材氮礦化特性研究。中華農業研究。52(3)：178-190。

林景和。2004。土壤腐植物質之管理。國際有機資材認證應用研討會專輯。財團法人全方位農業振興基金會編印。雲林，臺灣。P.167-183。

周恩存、王鐘和、鍾仁賜、陳琦玲。2016。經九年水稻玉米輪作下不同施肥管理對土壤氮和磷劃分之影響。台灣農業研究。65(3)：313-327。

洪崑煌。1995。有機物對作物生產的功能。有機質肥料合理施用技術研討會專刊。P.59-71。

郭魁士。1974。土壤學。中國書局印行。屏東，臺灣。

陳振鐸譯。1981。基本土壤學。徐氏基金會出版。臺北，臺灣。

陳仁炫。1991。土壤管理手冊。國立中興大學土壤調查驗證中心。

陳琦玲、連深。2002。台灣與日本土壤有機質的分解聚積模擬與肥力維持。中華農業研究。51(2)：50-65。

連深、郭鴻裕。1995。台灣農地之地力問題與對策—肥力性‧土壤環境品質與土壤地力問題及其對策研討會論文集。中華土壤肥料學會。臺中，臺灣。P.51-98。

黃裕銘。1994。土壤肥力管理在農業生產扮演之角色。台灣東部問題土壤改良研討會論文集。中華土壤肥料學會、花蓮區農業改良場編印。花蓮，臺灣。P.11-18。

趙維良、趙震慶。2008。連續十七年有機農耕法之土壤理化性質的評估。台灣農學會報。9(3)：270-289。

鍾仁賜。2008。臺灣有機農業二十年─研究與試驗。土壤與環境 11(1&2)：1-12。

戴順發、蘇士閔、林永鴻、趙震慶。2010。21 年長期有機農法試驗田土壤及作物生產監測。有機農業研究成果及管理技術研討會專刊。10：44-61。

羅秋雄、李宗翰。2010。設施蔬菜有機培養長期施用有機質肥料對土壤性質及蔬菜生育影響。桃園區農業改良場研究彙報。67：17-32。

AVRDC, 1995. The effects of compost on soil chemical and physical properties after 10 years of continuous cultivation. AVRDC 1994 Progress Report, P.343-352.

Chang, Ed-Haun, Chong-Ho Wang, Chi-Ling Chen, and Ren-Shih Chung, 2014. Effects of long-term treatments of different organic fertilizers complemented with chemical N fertilizer on the chemical and biological properties of soils. *Soil Sci. Plant Nutr.* 60: 499-511.

Lian, S. 1986. Characteristics of corn production in the drained paddies and their fertility managements in Taiwan, P.65-92. Soils and Fertilizers in Taiwan 1986.

Reynolds, W. D. et al. 2000. Comparison of tension infiltrometer, pressure infiltrometer and soil core estimates of saturated conductivity. *Soil Sci. Soc. Amer. J.* 64: 478-484.

Tindall, J. A., R. B. Beverly, and D. E. Radcliff. 1991. Mulch effect on soil properties and tomato growth using microirrigation. *Agron. J.* 83: 1028-1034.

Wander, M. M., M. G. Bidart, and S. Aref. 1998. Tillage impacts on depth distribution of total and particulate organic matter in three Illinois soils. *Soil Sci. Soc. Amer. J.* 62: 1704-1711.

Wang C. H. 2004. Soil fertility management of sustainable agricultural in Taiwan. In the proceeding of The 3rd APEC Workshop on Sustainable Agricultural Development. P.31-46.

Wang, C. H. 2004. Improved soil fertility Management in Organic farming. In Proceeding of Seminar on organic farming for sustainable agriculture. Edited by FFTC and ARI. P.1-28.

Wang, C. H. 2012. Effects of different farming methods on the soil fertility and the yield and nitrogen uptake of crop under a rotation cropping sequences. *Journal of Plant Nutrition*, Vol. 37(9):1498 -1513.

Wang, C. H. 2013. Effects of different organic materials on the crop production under a rice-corn cropping sequences. *Communication in Soil Science and Plant Analysis*, Vol.(44): 2987-3005.

CHAPTER 8

有機農業的輪間作制度

一、前言

目前國內外推行的有機農業（Organic Agriculture），即為永續性農業之一種，係指不使用化學肥料及化學農藥，而配合豆科植物在內之綠肥作物輪作制度，農業廢棄物以及含植物養分之礦物元素等利用，以維持農業生產之耕作方式（王銀波，1998a，1998b；林俊義，1999）。洪崑煌（1989）指出，不使用化學肥料及農藥之有機農業，必須採用與一般農業基本上不相同的策略。有機農業必須採用適合當地條件的輪作制度，其中必須包含豆科作物作為綠肥作物，以維持對主作之氮的供應。主作之間以豆科作物相接，可防止土壤沖刷與供應氮素之利。輪作作物及主作物之間銜接綠肥作物之選擇，需要充分的知識，方能促使有機農業的成功。

實施有機農業之農場的經營管理型態可分為兩種：一種為有機生態農場，是非常重視生物多樣性及生態平衡的有機農場，也是同時具教育性及休閒性的有機農場。另一種型態為積極善用有機規範中可以使用之資材與技術，以穩定有機作物的生長，達到高產量及高品質的有機農場。有機農場必須強調生物多樣化，採行促進生態平衡的輪作、間作及混作等耕作技術。一整年之中農場內隨時有多種植物生長，在農場內生長的覆蓋作物如草類植物等，有多量根莖葉的生長，隨時在產生性質不同的各類有機物質，可培養複雜的微生物種類，且補充表層及底層土壤的有機質含量，既促進生態平衡，又增進土壤品質（王鐘和，2005a，2005b，2009；Wang, 2014）。

二、連作的意義

「連作」（Monoculture）一詞在農業耕作制度上是指在同一土地上經年重複種植相同作物而言。廣而言之，同一土地在種植相同作物的空檔期間，種植綠肥作物或休閒者，仍被視為連作。連作最大益處是增加土地利用率，減低耕作成本，提高利潤。但同一作物連作日久，弊病即生，明顯之特徵即產量降

低（譚增偉與王鐘和，2001；王鐘和等，2002）。早期研究結果均歸因於土壤肥力之耗損，養分之涸竭，或土壤構造之變壞。然由於連作導致土壤物理及化學性質之改變，常干擾土壤微生物的活性。連作之結果，往往造成所謂「土壤疲乏」（Soil Fatigue），而土壤疲乏之形成係因連作引起土壤中養分不平衡，誘發微生物相改變及土壤病蟲害，或有毒物質之積聚。有毒物質是來自作物根分泌物，作物殘體分解產物及微生物代謝產物。有毒物質之積聚與作物種類及微生物活動均有密切關係（譚增偉與王鐘和，2001；王鐘和等，2002）。

連作亦有所謂旱田連作與水田連作之謂，以往在臺灣甘蔗連作，時常發生發芽率極差，生長不良而減產情形，並已從土壤化學及生物學方面加以研究。依台糖公司王世中院士等人之研究，以浸水處理即可恢復，這是因為浸水形成由旱田環境轉換成水田環境，可以造成另一種微生物相，且能淋洗一些微生物代謝物質，減少對作物之毒害，顯著改善甘蔗的生育與產量（王世中等，1984；譚增偉與王鐘和，2001；王鐘和等，2002）。

一般認為在浸水狀態下栽培的水稻是最能耐連作的作物。事實上，一般水田已在同一田區連作百年甚至千年，然而未聞其因連作而有減產的現象。但日本或歐美等國之稻作年僅一年，每作收割後均有很長的休閒或輪作期間。而臺灣一年兩作水稻，第一期作之前常有較長期間之休閒或輪作，而第二期作則幾乎沒有，因此常有人懷疑第二期作水稻收量之低落，可能和稻田之連作（即插秧前無適當之休閒或輪作）有關（譚增偉與王鐘和，2001；王鐘和等，2002）。

連作極易導致作物產量減少，而各種農作物之自耐性不同，亦有所差異。例如：水稻之自耐性極強，可連作而不致減產，但於水旱輪作的系統下，可發現輪作區之產量不論一、二期作均較連作區高。於農業委員會農業試驗所內之試驗田進行不同耕作制度試驗，其土壤為中質地微酸性砂頁岩沖積土，經 11 年試驗所得的結果顯示，一期作水旱田輪作區水稻較水稻連作區增產 4～30%，平均增產 15%。二期作則增產 7～35%，平均增產 18%（王鐘和等，2002）。

三、輪間作的意義

　　輪作（Crop Rotation）是指在同一土地上以一年或多年為一週期輪流栽種不同種類作物而言。輪作制度自古以來即被認為較優良且合理之耕作制度，主要是輪作系統中作物種類順序時常交替更換，而不同作物對養分需求各異，此恰可減低造成土壤養分不平衡之問題，維持良好之土壤理化性質。同時輪作本身更可避免因連作所發生之土壤病蟲害問題。因此，輪作制度常被視為一種維持地力之耕作方式（王鐘和等，2002）。但是，若從土壤學與作物生理學之觀點而言，輪作制度並非一定能夠維持地力或對作物有利。一個優良輪作系統必須依賴前後作順序組合適當與否而定。換言之，前後作組合不當，常導致前作收穫後因土壤養分收支不平衡、土壤病蟲害滋長或前作殘體分解產物而抑制後作生長。此外，前作水田耕作方法，常導致土壤構造劣化，磷有效度降低，犁底層密度增加，對後作雜糧生長極為不利（譚增偉與王鐘和，2001）。

　　一個優良的輪作系統必須兼顧作物特性與土壤生產力維持等問題，作物特性：首先需了解作物生理習性及前後作物搭配順序是否適當等問題，輪作田的生產潛力取決於輪作系統中前後作作物順序及肥培管理等因素。各期作作物收穫後地上部殘體或根系回歸於土壤，成為維持土壤生物活性的重要能源。而土壤生物活性常是土壤肥沃度的主要影響因子。因此，前作物的種類、數量與殘體性質是輪作系統中影響作物生育表現良窳的指標（譚增偉和王鐘和，2001；王鐘和等，2002；王鐘和，2003）。

四、水旱輪作的影響

　　農業耕作制度中涉及水旱田的輪作制度，此種輪作的影響比一般不同旱作種類之輪作，或水田作物之輪作方式更形複雜化，旱田與水田不同，土壤較容易酸化，尤其原屬水田者轉作為旱田時更為明顯，如又係連續種植旱作時，土壤酸化頗快，必須經改種植水稻才可逐漸回復，可見稻作對肥力維持之重要

性。為防止臺灣土壤之過度酸化，應盡可能採用包含水稻在內之輪作制度。導致輪作增產的許多因子，過程和機制至今尚未完全了解。其中增加氮的供給，土壤養分的有效度、土壤構造、土壤微生物活性，以及雜草控制、蟲害壓力和疫病減少，和生長促進物質的產生，這些都已被證明是構成增產的因子（譚增偉與王鐘和，2001；林俊義，2002）。

五、有機農業的輪間作制度

（一）有機農場的輪作要領

　　有機農業必須採用適合當地條件的輪作制度，其中必須包含豆科作物作為綠肥作物，以維持對主作物氮素之供應。主作物之間以豆科作物相接，可收抑制雜草生長、防止土壤沖刷與供應氮素之利。由於不使用化學肥料，農家必須掌握大量有機物來源，製造堆肥，以充分供應作物所需之養分。如果環境容許，在主作物之前種植綠肥作物，或間作綠肥作物作為覆蓋作物，則可以達成氮素之自給自足，而得到與一般化學肥培法相接近，或更高的收穫量。

　　輪作之方式，可以採用水田與旱田之耕作制度的輪替，既可有效消除病蟲害與雜草之滋生，且可避免旱作連作所引起之土壤酸化及生產力降低等現象；豆科作物與其他非豆科作物之輪作，可以充分利用生物固氮，減少肥料用量；深根性與淺根性作物之輪作，可增加根系生長之深度，有利於通氣與排水性之改善，以及利用較大容積之土壤養分，使作物養分達到均衡之目標；又需肥性多與需肥性少之作物輪作，可以免除土壤可溶性鹽分累積，造成一般耐鹽性差的作物生長受阻礙之不良現象（譚增偉和王鐘和，2001）。輪作制度之實施與土壤肥培管理得當，可以消除許多作物之土壤衍生性病害，並減低許多害蟲之族群與雜草的發生。例如小菜蛾、紋白蝶及黃條葉蚤等害蟲之寄主植物主要為十字花科，與其他科之作物輪作，可以有效降低田間族群密度。此外，忌避作物之應用，以及栽培時期之注重，以避免害蟲之啃食，亦是有機農業栽培者常用的手段（王錦堂與黃政華，2005）。

（二）有機農場的間作要領

　　要達到生態平衡與生物多樣化的目標，必須實行適地適作的輪間作制度。而間作之目的在於充分利用土地資源，防止表土遭受風雨沖蝕及雜草叢生，並且可以利用前作物保護後作物，是一種集約的耕作制度。間作的定義為：在一種作物生育期中栽培另一種作物於其行間或株間，使兩種作物在某時期內同時生長者，稱為「間作」。大自然中幾乎不可能只存在某種單一植物生長的環境，多樣性的變化可以提供作物一些保護（王鐘和等，2002）。間作是指同一生長期間與區域中，種植兩種或多種作物，並且對改進土壤性質和提高作物生產力有重要關係（Zhou *et al.*, 2011），與單作栽培制度相比，間作制度能有效利用資源，促進作物生產，在世界各國通常實施禾本科與豆科的間作（Yang *et al.*, 2017）。

　　間作又可分為條狀間作（1～2 行主作物與 1～2 行間作物間隔種植），以及塊狀間作（3 行以上主作物與 3 行以上之間作物，以塊狀的方式，間隔而種）（王鐘和，2018，2020）。安排間作法之主作物及間作物組合時，必須考慮兩者間對營養元素的吸收與空間位置不互相衝突，及可保持土壤水分，減少土壤浸蝕與減少病蟲害等，例如：芹菜與韭菜間作在生長至茂盛時，近芹菜旁韭菜仍可得伸直生長，並有享受充足日光的機會。不斷草與荣豆之根群深度互異，可從不同土層處吸取營養及生長。在萵苣與羊角豆時，因羊角豆生長較慢，等到需要較大空間時，萵苣將可收穫。間作萬壽菊時，植株的根會分泌出鄰近線蟲無法靠近的物質，曇苔屬作物根會分泌橄欖油，可中和酸性土壤，會抑制線蟲之孵化與繁殖，而宜與馬鈴薯、草莓、番茄、薔薇共植，以發揮其功效。金蓮花與甘藍、胡瓜、番茄、胡蘿蔔、果樹等均可共植，而促進主作物生長。深根作物會將主作物生長必要的礦物質，由下層送上地表層提供更多營養（王錦堂，1993）。植物為抵抗昆蟲的侵襲，而在生理上有著不同的分化，使體內存有多種化合物，具有殺蟲效果，或有避蟲效果，此類植物可稱忌避植物，適宜安排於間作法中。

花生與玉米間作，明顯提高了花生植株鐵的含量。玉米與花生間作系統使玉米葉片葉綠素含量提高，根系土壤之有效氮、磷、鐵含量均提高，也顯著降低花生根圈土壤 pH 值，與兩種作物的單作相比表現更好。玉米與花生間作系統顯著增加了兩種作物根系的微生物群落和細菌多樣性（Zuo et al., 2000; Zuo and Zhang, 2008）。玉米與大豆間作優勢的貢獻可以歸因於地上部（葉片光合作用）競爭，而不是地下部競爭。在多作物系統中，間作可以提高作物生產力和產量。當不同作物種植在一起時，可以同時發生負面相互作用（競爭）和積極相互作用（促進）。多種作物系統可以有效地利用環境資源，並降低成本，從而提高作物生產的可持續性（Wu et al., 2012）。

馬鈴薯與玉米間作，比馬鈴薯單作具有更涼爽的微環境，土壤溫度和氣溫較低，有利於馬鈴薯的生長和塊莖發育。玉米和馬鈴薯的組合可以控制作物病蟲害，如馬鈴薯晚疫病和玉米葉枯病，馬鈴薯蚜蟲和葉蟬（Wu et al., 2012）。西瓜或秋葵與花生、豇豆、甜椒等作物採 3 種或 4 種之間作模式栽培，為具較高生產力之永續性栽培方式（Franco et al., 2015）。秋作種植紅豆或黃豆採窄區（六行區）間作甜玉米處理之子實產量較寬區（十二行區）顯著低 14% 及 11%；春作種植紅豆或黃豆採窄區（六行區）間作之子實產量則較採寬區（十二行區）處理高 4% 及 7%，不同期作的成果相反，是因為在生育中後期光照強度差異極大之故；秋作生育中後期光照強度較低〔由 9 月至 12 月之日照強度分別為 43.6 KLux、41.9 KLux、34.6 KLux 及 29.1 Klux（2014～2016 年平均）〕，窄區（6 行區）之黃豆或紅豆植株被兩旁較高的甜玉米植株遮蔽，因而影響子實產量，而春作中後期之光照強度較高〔由 3 月至 6 月之日照強度分別為 38.6 KLux、48.1 KLux、50.1 KLux 及 62.7 Klux（2014～2016 年平均）〕（圖一），窄區（6 行區）的黃豆或紅豆植株雖被兩旁甜玉米植株遮蔽，反而有助於子實生長（王鐘和等，2016）。秋作每株莢數及每莢粒數則兩種間作模式處理間無顯著差異。因兩期作植株生育，中後期的光照強度不同，而顯著影響百粒重；秋作紅豆及黃豆均以六行區顯著低於十二行區，分別低 7% 及 9%；而春作六行區之百粒重顯著較十二行區高，分別高 7% 及 6%，而

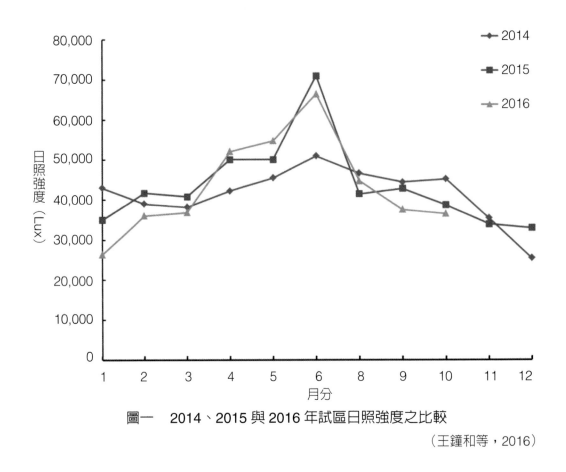

圖一　2014、2015 與 2016 年試區日照強度之比較

（王鐘和等，2016）

每株莢數及每株粒數則兩者間無顯著差異（王鐘和等，2016）。

（三）善用綠籬植物

　　有機生態農場也推行在農場內種植適合天敵棲息之綠籬樹種與開花植物，提供了天敵良好棲息環境，例如瓢蟲、草蛉、寄生蜂、螳螂、食蚜蠅、捕植蟎等。目前有許多研究指出，間作綠籬作物、周圍作物、開花植物等的效果，比在周圍種植不同作物的效果更好。陳泓如（2017）指出有一派學者推廣在田間種植野花帶，野花帶提供了天敵食物，且因為增加生物歧異度，讓靠費洛蒙搜尋標的位置的害蟲尋找棲地不如以往順利，降低了害蟲族群密度。林立等人（2015）的研究指出馬利筋為一種可強烈吸引瓢蟲的開花性植物，田間試驗證實利用此特性可明顯抑制白蘿蔔偽菜蚜發生率 50% 以上，亦可減少黃秋

葵蚜蟲危害率 39%；百日草等菊科植物則可增加水稻田寄生蜂的相對豐量，有助於抑制螟蛾類害蟲，而距離種植百日草約 30 公分處之對照組田區，雖然寄生蜂之數量減少，但此數量和豐度仍有控制螟蛾類害蟲的效果。秋葵田種植馬利筋綠籬之研究結果顯示，馬利筋可吸引大量瓢蟲棲息，除因植株上有夾竹桃蚜之外，其花蜜也是吸引瓢蟲的重要原因（Simon et al., 2010）。

　　丹麥研究顯示，多年生的柳樹綠籬可以在冬天時作為天敵的培養所，並在春夏時讓天敵擴散至 200 公尺範圍的田間（Langer, 2001）。而 Marino 和 Landis（1996）研究調查也顯示，於栽植多種類灌木樹籬的玉米田區內，危害玉米的夜盜蟲被天敵寄生的機會較高。扶桑花種植於甜玉米田區可有效降低玉米螟發生約 3 成，增加完整果穗及農民收益。而種植細葉雪茄花於農田可有效吸引授粉昆蟲如蜜蜂，並提高鄰近的花胡瓜授粉率和產量達 2 倍以上。萬壽菊撒播於甘藍菜田中則可明顯增加食蚜蠅數量 2 倍，明顯降低高麗菜蚜蟲發生，並且增加產量。萬壽菊能吸引食蚜蠅，間接防治甘藍的蚜蟲危害。水稻田埂及周邊撒播孔雀草和非禾本科花草，亦可明顯增加寄生蜂數量，且能抑制水稻飛蝨類害蟲（林立等，2015）。菊科開花植物不僅可增加水稻田區內節肢動物生物多樣性，並且能增加捕食者及擬寄生者節肢動物之數量，以及維持穩定的害蟲族群，不致驟增而造成危害（林立與翁路夏，2017）。

七、結論

　　依據有機農場的立地環境（氣候與土壤環境）及植物的生理特性，安排生物多樣化的輪間作制度，創造複雜化的生態環境，除了共榮促進生長之功效外，亦可藉由生物控制來防治病蟲害，是作物有機栽培成功的根本之道。有機農場中栽植適合當地氣候的覆蓋作物（Cover Crop），除了可提供作為多種昆蟲棲息之區域外，其所開的花朵也具有蜜源與誘引蟲、蝶等生物之功能，且密集的植體覆蓋住土壤，可以抑制雜草生長，避免雨水帶來之沖蝕，保護珍貴的表層土壤。另外，一些原生植物也可能具有保健的功能，能提供有機農友額外

的收入，更有助於建立生物多樣性的生態系統，進一步達到生態服務與生物控制的境界。

參考文獻

王世中、高銘木、李松伍。1984。台灣甘蔗連作低產原因之探討及改進。中央研究院植物研究所專刊。6：1-9。

王銀波。1998a。台灣農業環境保護。農業與生態平衡研討會專刊。興大土環系編印。P.1-14。

王銀波。1998b。長期施用禽畜堆肥之影響。第一屆畜牧廢棄資源再生利用推廣研究成果研討會論文集。P.144-151。

王錦堂。1993。永續農法之共榮作物栽培。永續農業研討會專集。P.127-139。

王錦堂、黃政華。2005。忌避作物之應用。優質安全農產品研討會專刊。P.1-21。

王鐘和、譚增偉、黃維廷、江志峰。2002。有機農場的輪間作制度。作物有機栽培。農試所特刊第 102 號第十六章。P.171-183。

王鐘和。2003。輪作的意義與要領。農業世界。第 239 期。P.28-31。

王鐘和。2005a。有機農業面面觀（三十一）有機農場應多重視生態平衡。農業世界。第 265 期。P.77-79。

王鐘和。2005b。有機農業面面觀（三十二）淺談有機生態農業。農業世界。第 266 期。P.41-43。

王鐘和。2009。作物有機栽培的病蟲害管理—農耕管理法。屏科大農業推廣通訊（第五期）。P.13-16。

王鐘和、陳文華、陳麗鈴。2016。行政院農業委員會農糧署主管科技計畫。105 農科 -9.8.3- 糧 -Z1(2) 玉米及豆科作物不同輪作系統對有機栽培農田土壤肥力及作物生產之影響。年度研究報告。

王鐘和。2018。有機農業輪間作之探討。有機農業產銷策略研討會專輯。台灣有機產業促進協會編印。P.15-24。

王鐘和。2020。作物有機栽培輪間作制度。國立屏東科技大學農業推廣委員會編印。P.1-43。

林俊義。1999。台灣永續農業發展概況。永續農業作物合理化施肥技術專集。中華永續農業協會編印。P.1-36。

林俊義。2002。有機農業的理念與發展。行政院農業委員會農業試驗所編印。P.1-6。

林立、翁路夏、倪宇亭、陳任芳。2015。開花植物應用於農田蟲害管理研究。花蓮區農業改良場編印。P.129-140。

林立、翁崧夏。2017。以菊科植物營造水稻田天敵棲所之研究。花蓮區農業改良場彙報。35：47-52。

洪崑煌。1989。有機農業之策略。有機農業研討會專集。P.61-68。

陳泓如。2017。農業生態工法於國外生態農業的用法與發展。豐年雜誌。67 (4)：18。

譚增偉、王鐘和。2001。輪作制度與作物生產。永續農業第一輯（作物篇）。中華永續農業協會編印。P.393-409。

Franco, J. G., S. R. King, J. G. Masabni, and A. Volder. 2015. Plant functional diversity improves short-term yields in a low-input intercropping system. *Agriculture, Ecosystems & Environment*, 203: 1-10.

Langer, V. 2001. The potential of leys and short rotation coppice hedges as reservoirs for parasitoids of cereal aphids in organic agriculture. *Agr. Ecosyst. Environ.* 87: 81-92.

Marino, P. C., and D. A. Landis. 1996. Effect of landscape structure on parasitoid diversity and parasitism in agroecosystems. *Ecol. Appl.* 6(1): 276-284.

Simon, S., J. C. Bouvier, J. F. Debras, and B. Sauphanor. 2010. Biodiversity and pest management in orchard systems. A review. *Agron. Sustain. Dev.* 30: 139-152.

Wu, K., M. A. Fullen, T. An, Z. Fan, F. Zhou, and G. Xue et al., 2012. Above- and below-ground interspecific interaction in intercropped maize and potato: a field study using the 'target' technique. *Field Crops Res.* 139: 63-70

Wang, C. H. 2014. Farming Methods Effects on the Soil Fertility and Crop Production Under a Rice-Vegetables Cropping Sequences. *Journal of Plant Nutrition*, Vol.37 (9): 1498-1513.

Yang, F., D. Liao, X. Wu, R. Gao, Y. Fan, and M. A. Raza et al. 2017. Effect of aboveground and belowground interactions on the intercrop yields in maize-soybean relay intercropping systems. *Field Crops Research*, 203: 16-23.

Zuo, Y. M., F. S. Zhang, X. L. Li, and Y. P. Cao. 2000. Studies on the improvement in iron nutrition of peanut by intercropping with maize on a calcareous soil. *Plant Soil.* 220, 13-25.

Zuo, Y. M., and F. S. Zhang. 2008. Effect of peanut mixed cropping with gramineous species on micronutrient concentrations and iron chlorosis of peanut plants grown in a calcareous soil. *Plant Soil.* 306, 23-36.

Zhou, X., G. Yu, and F. Wu. 2011. Effects of intercropping cucumber with onion or garlic on soil enzyme activities, microbial communities and cucumber yield. *European Journal of Soil Biology*, 47, 279-287.

CHAPTER 9

農牧廢棄物質循環
在有機農業的應用

一、前言

根據 1994 年臺灣農業年報，全年禽畜糞尿之三要素含量分別為氮素 15.2 萬公噸、磷酐 17.2 萬公噸及氧化鉀 11.6 萬公噸，分別占全年化學肥料三要素用量之 58%、233% 及 110%，這些農業廢棄物均含有植物生長所需的營養元素及有機質，實為國家寶貴資源，禽畜糞尿如未善加利用而排放到河川中，不僅污染環境，且浪費資源（林財旺與簡宣裕，1995；張淑賢，1995）。行政院主計處「綠色國民所得帳編制報告」針對廢棄物排放帳彙編為五大類，包括一般、農業、工業、營造及醫療廢棄物等。其中農業廢棄物係指農產、林產、漁產、畜產、農產品批發市場及食品加工等生產活動中所產生之廢棄物，於 2008 至 2017 年期間其產生量介於 460～506 萬公噸，平均約 482 萬公噸。這些農業廢棄物經由就地翻耕處理為 129.9 萬公噸（占 26.9%）、作物栽培敷蓋 18.5 萬公噸（占 3.8%）、育苗栽培介質 12.4 萬公噸（占 2.6%）、堆肥 243 萬公噸（占 50.4%）、禽畜舍墊料 8 萬公噸（占 1.6%）、倉庫墊料 5.3 萬公噸（占 1.1%）……（王鐘和，2019）。以上資料顯示，多年來在政府的大力推動下，大部分的農牧廢棄物已能循環利用在農業生產上。

周昌弘（2006）指出臺灣是以農立國的國家，農林作物殘體量相當大。大部分的農民都將此殘體棄於農地讓其自行分解，殊為可惜，若以火燒成為煙灰，易導致空氣中二氧化碳之增加，造成溫室氣體，不利環保。若能進一步研究各農林作物殘體的特性，藉其相生相剋作用之潛能，作為生物農藥以取代或降低使用化學合成之除草劑、除蟲劑與除菌劑，則農林作物殘體將不再被視為廢棄物而是一項資源。黃振文（2007）亦指出利用農業廢棄物研製植物保護製劑的工作，除考慮其抑制植物病害發生的功效外，還須兼顧其可否促進植物的生育與有益微生物的增殖。王清玲（2010）則指出苦茶粕可以作為有機質肥料，又含豐富的植物皂素，可作為天然的清潔劑。如施用於水田，苦茶粕的有機肥功效，有助秧苗成長，其中所含皂素能破壞福壽螺的黏膜，導致福壽螺死亡，故可作為水田施肥與防治福壽螺之用。

二、循環利用農業廢棄物培育健康土壤

雷通明（1987）指出被稱爲近代有機農業之父的英國 Howard 爵士，在大學時是學植物病理的，在印度工作多年之後，最後主張以有機質肥料維護地力。他寫過幾本書，其中一本就是《土壤與健康》，書中也指出有些醫生主張以食物來維護人類的健康，食物來自土壤，沒有肥沃的土壤，就沒有營養豐富的農產品，也就沒有健康的身體。他們深刻認識到土壤是根本。健康的作物、動物與人的基礎是健康的土壤，而有機農業強調土壤是一個活的系統，發展有益的生物活性是此定義的中心。土壤是活的，健康的土壤是有機農業的基礎（鍾仁賜，2008）。臺灣地處熱帶、亞熱帶之間，氣溫高、雨量多，土壤有機質分解速度快，造成部分耕地土壤有機質含量較低（林家菜，1980；連深與郭鴻裕，1995）。土壤中所含的植物營養元素經雨水淋洗流失之量頗多，必須適當地補充有機質及營養元素，作物才能正常的生長。

施用禽畜糞堆肥對土壤性質之改善效果，包括 pH 值、有機質含量、有效性磷、鉀、鈣、鎂等含量，土壤陽離子交換容量及微生物活性等均提升，因而促進作物養分吸收量（王銀波，1998；王鐘和等，2005；李健捀等，2005；戴順發等，2010；羅秋雄與李宗翰，2010；周恩存等，2016；Wang, 2004a, 2004b, 2013, 2014；Suzuki, *et al.* 1990）。許福星等人（1998）指出盤固草地施用堆肥後，土壤 pH 值、電導度、有機質、總氮、有效性磷、鉀、鈣及鎂等含量均顯著增加，施用堆肥有防止土壤酸化的結果。經 17 年耕作後，土壤有機質、全氮、陽離子交換容量及輕質有機質在有機農耕法土壤中含量均高於慣行農耕法 2 至 3 倍，顯示有機農耕法正面影響土壤有機質含量，進而改善土壤理化性質，提升有效養分管理（趙維良與趙震慶，2008）。施用堆肥除了可顯著增加土壤有機質、提升土壤總氮與總磷含量外，並可提高有效性氮與有效性磷含量（周恩存等，2016）。相關的研究報告均顯示，隨著有機農田土壤品質提升，作物的產量增加，而其增產的效應，因作物種類、有機質肥料不同及期作之氣候環境不同而異（王鐘和等，2005；羅秋雄與李宗翰，2010；戴順發等，

2010；Wang, 2013）。

　　有機質肥料雖有提升土壤理化及生物性質的功能，但因其屬緩效性肥料，必須被微生物分解礦化釋出養分離子，才能被作物吸收利用，其礦化速率除了與土壤環境因子有密切相關外，尚受其氮含量、碳氮比、木質素及多酚化合物含量之影響。且因品質不一，故較不易拿捏施用技術（王鐘和與林毓雯，1999；林毓雯等，2003）。另外，部分應用禽畜糞為原料製成的堆肥有較高之銅鋅含量，故連續施用後，會導致土壤之銅鋅含量提高，但因連續施用禽畜糞堆肥，土壤 pH 值同時也會上升，致使有機區產品之銅鋅含量並未高於化肥區之產品（謝慶芳，1998；譚鎮中等，1998；王鐘和，2002b），雖然禽畜糞堆肥施用於農田對土壤肥力有所助益，但長期施用時，其所含重金屬仍須加以注意，因重金屬在土壤中不易回收。

三、農業廢棄物的循環利用於作物生產

　　甚多的報告均指出，將農業廢棄物或其製成之堆肥作為栽培介質或施用於田間，有助於介質或農田土壤品質之提升，進而增進產品質量；應用稻草栽培秀珍菇（李瑋崧等，2012），稻草粉、稻穀殼及玉米穗軸粉栽培菇類（杜自彊與謝逢庚，1988），茶渣栽培菇類（郭芷君，2015），中藥渣栽培松山靈芝和雲芝（何偉眞，2008），混合玉米穗軸、花生殼及香菇廢棄太空包栽培蘭花植物（張珈錡等，2015），農水產廢棄物堆肥應用於瓜類育苗（蔡永暉，1996），牛糞堆肥、豬糞堆肥及蔗渣堆肥栽培葉菜甘藷（程永雄等，2001），廢棄香菇木屑堆肥栽培小白菜（簡宣裕與莊作權，1997）。以及應用椰纖、碳化稻殼、菇類栽培後介質及蚓糞堆肥於洋香瓜、番茄及菇類之育苗及栽培（Hoa et al., 2015; Nguyen and Wang, 2015, 2016; Truong et al., 2017; Vo and Wang, 2014）。菇類栽培後之介質混合廚餘堆製成廚餘堆肥，應用於葉菜作物生產（劉毓娉與王鐘和，2008）。

　　另外，應用蚯蚓消化有機廢棄物，轉化成蚓糞堆肥作為有機質肥料。蚓

糞堆肥的品質、成分及養分釋出能力，均因原料和製程的不同而異（黃瑞彰，2014）。施用各類農業廢棄物或製成堆肥，均需考量其特性與品質、作物種類及不同生育階段之需肥特性，將不同性質之固態及液態有機質肥料搭配，分別當基追肥使用，並配合適宜的耕作管理（王鐘和，2018）。

葉昇炎等人（2016）指出畜牧糞尿經固液分離出的固形物（糞渣），多採堆肥處理；液體（糞尿水）部分，須經厭氧、好氧等後續二階段處理至符合放流水標準，始得排放到地面水體。惟糞尿水仍富含植物生長所需的氮、磷、鉀及有機物等，處理後再排放，除增加畜牧場處理費用及耗費能源外，就資源利用立場，實屬可惜。環保署於 2015 年，修正《水污染防治法》相關子法，將畜牧糞尿沼液及沼渣視為資源，回歸農地作為肥分使用。這些沼液沼渣循環利用在農田時，除了考量土壤肥力狀況與作物的需肥量外，也需考慮其元素含量，施用方式、時期與用量等，才能發揮其功效，並避免對作物及環境產生不良影響。

四、有機質肥料施用要領

（一）考量有機質肥料之特性

有機質肥料種類繁多，大致可分為難分解型與易分解型兩種：難分解型一般是以稻殼、樹皮、木屑、作物殘株等堆製腐熟而成之有機質肥料，含豐富纖維質，但氮、磷、鉀三要素含量較少，因其在土壤中的分解較慢，適宜用在改良土壤理化性質和促進土壤微生物活性，使作物根部有良好生長環境。易分解型一般以禽畜糞、動物性廢棄物、油粕類等腐熟而成之有機質肥料，含纖維質較少，氮、磷、鉀三要素含量高，其所含養分在土壤中分解釋放較快。施用時應注意其釋出之要素養分量。此外，連年施用有機質肥料後，除了所施有機質肥料之可礦化養分量外，亦要評估土壤中累積的有機質之可礦化養分量，以二者之和作為預期可由有機質供給之要素量。

（二）考量作物種類與需肥特性

生產潛力較大之品種需肥量多，短期作物如蔬菜作物養分供應量要充足（尤其氮肥），長期作物如果樹要注重土壤性質改善，促進根系活性，以及配合各生育分化階段，調節養分供應。

（三）注意堆肥品質

堆肥如未經發酵完全，施用後易因繼續在土壤中發酵，產生危害作物根部之物質，滋生病原菌及雜草叢生等現象，故在施用前要注意其品質。

（四）不同性質有機肥配合分別當基追肥使用

有機質肥料施用至土壤中，除了原先含有之少量無機態養分外，大部分的養分需經土壤中之微生物分解後，才能釋出供作物使用，且其養分係緩慢釋放，因此，宜當基肥使用，種植前翻犁，使充分與土壤混合，且避免與石灰資材同時混合施用，避免銨態氮以氨氣狀態揮散損失。並配合養分釋放速率較快（碳氮比較低者）之有機質肥料當追肥，以調節作物之養分吸收。

（五）配合良好的水分管理

土壤的水分保持適宜狀態，有利於微生物分解堆肥，釋出養分，且有益於作物根系吸收養分，提高堆肥養分之利用率。

五、實施低投入持久性的耕作模式

雖然耕犁整地可翻鬆土壤，促使好氣微生物增殖，加速分解土壤有機質，提供較多的有效氮，但也因而造成土壤有機質含量降低，導致土壤有機碳含量減少（Wander *et al.*, 1998）。過度耕犁使土壤易受侵蝕，流失土壤有機質和養分，故減少耕犁是降低土壤腐植質損失的良策（林景和，2004）。一般農耕栽培多採整地後種植作物的模式，雖可減少雜草數量，方便種植。但也因而消耗油料，耗損農機、金錢及時間，也易衍生土壤粗孔隙過多，導致作物幼

苗缺水及磷吸收困難，並產生密實耕犁層影響作物根系生長，以及土壤團粒被破壞，遇雨易形成土壤表面結皮，妨礙種子發芽及幼苗生長之負面影響（王鐘和，1993）。而不整地綠肥田菁敷蓋之栽培方式的土壤物理性質較佳，具有適當的粗孔隙率、較高的有效性水分及土壤水分含量變動較不激烈（耕犁區之土壤水分容易損失，過度乾旱），玉米根系活性較佳，有較高的子實產量、氮肥吸收率及氮素利用效率（王鐘和，1993）。

有鑒於現今農業生產體系鼓勵施用有機質肥料，已顯著提升一些農田土壤的有機質含量，但這些農田在一年之中，如果進行多次整地種植工作，則可能促使多量土壤有機質被分解，造成碳損失（Wander *et al.*, 1998）及飽和導水度降低（Reynolds *et al.*, 2000），致使品質下降。因此，採行最少耕犁之環保耕犁或不過度耕犁等低投入持久性的耕作模式甚為重要（王鐘和，2012）。

六、生物炭的應用

由於土壤有機質含量明顯提高後，採行慣行頻繁耕犁的方式，可能致使土壤有機碳被分解釋放，如能將有機資材炭化成微生物難以分解之「生物炭」，或可解決此問題。根據國際生物炭倡議組織（International Biochar Initiative, IBI）所採用的定義中，作為農業資材之生物炭為一種纖細且具有多孔性結構的顆粒，並且由生質物如木材、樹葉等有機物質，在反應溫度小於 700℃並於密閉空間中，限制氧氣的狀況下分解所產生的固態物質，而這些物質必須要有目的地應用在農業土壤及環境保護上，即可稱為生物炭（Budai *et al.*, 2013）；而農業領域方面，常見應用於改善土壤性質、增加作物產量等功效（Lehmann and Joseph, 2009）。生物炭的利用具「減碳排放」效益，當其埋入土壤中，亦有助於減少溫室效應氣體的排放，延緩地球溫暖化的趨勢。若能充分利用國內農業廢棄物資源，轉換為可用之生物炭，可使國內農業廢棄物更有效地達成多個目標之用途，藉以提高國內農業廢棄物之再利用效率（蔡佳儒

與吳耿東，2016）。惟需進一步建立生物炭的生產及應用技術才能充分發揮其功能。

七、土壤診斷推薦施肥（請參閱第七章）

參考文獻

王清玲。2010。作物蟲害非農藥防治資材。農業試驗所第 142 號。P.64-65。

王銀波。1998。長期施用禽畜堆肥之影響。第一屆畜牧廢棄資源再生利用推廣研究成果研討會論文集。P.144-151。

王鐘和。1993。轉作田玉米栽培技術及氮素營養管理。國立臺灣大學農業化學研究所博士論文。臺北，臺灣。

王鐘和、林毓雯。1999。堆肥施用若干問題探討。第二屆畜牧廢棄資源再生利用推廣研究成果研討會論文集。台灣省畜牧獸醫學會編印。臺中，臺灣。P.199-212。

王鐘和、林毓雯、黃維廷、張愛華。2000。第三章—作物營養與土壤診斷技術。永續農業專書第一輯（作物篇）。中華永續農業協會編印。臺中，臺灣。P.104-118。

王鐘和。2002a。有機水稻田的養分管理策略。MOA 有機農法。20：12-18。

王鐘和。2002b。生育障礙之改進。設施園藝。七星農田水利研究發展基金會編印。臺北，臺灣。P.1-15。

王鐘和、林毓雯、黃維廷、江志峰。2002。水稻合理施肥技術。作物合理化施肥技術研討會專刊。中華永續農業協會、農業試驗所編印。臺中，臺灣。P.11-24。

王鐘和。2004。作物需肥診斷技術。台灣農家要覽。豐年社編印。P.519-524。

王鐘和、丘麗蓉、林毓雯、曹米涵。2005。長期不同農耕法對氮肥效率、作物生長及土壤性質之影響。有機肥料之施肥對土壤與作物品質之影響研討會論文集。P.129-170。

王鐘和、丘麗蓉、林毓雯、曹米涵。2006。蔬菜水稻輪作田不同肥料施用法對氮磷鉀吸收率及產量之影響。第六屆海峽兩岸土壤與肥料學術交流研討會論文摘要集。P.52。

王鐘和。2012。低投入持久性有機農業的土壤管理策略。高屏澎地區有機農產品驗證及產銷技術研討會專輯。國立屏東科技大學編印。P.24-29。

王鐘和。2018。有機農業的土壤肥料管理策略。提升農業生產力與品質之永續作為研討會。中華永續農業協會編印。

王鐘和。2019。農業廢棄物循環利用在農田永續生產力維護之探討。永續農業。中華永續農業協會編印。P.67-78。

沈再發。1987。荷蘭之設施園藝概況。設施園藝研討會專集。P.15-30。

杜自彊、謝逢庚。1988。利用農產廢棄物栽培食用菇之研究。台東區農業改良場研究彙報。2：65-73。

李健撘、陳榮五、陳世雄、蔡宜峰。2002。有機質肥料施用量對水稻生育之影響。臺中區農業改良場研究彙報。P.53-62。

李健撘、陳榮五、陳世雄。2005。有機質肥料對水田土壤與水稻生育的影響。有機肥料之施用對土壤與作物品質之影響研討會論文集。國立臺灣大學農業化學系編印。P.105-114。

李健撘、陳榮五、蔡宜峰。2007。有機農場有機質肥料施用量對水稻產量之影響。臺中區農業改良場研究彙報。P.11-22。

李瑋崧、呂昀陞、陳美杏。2012。稻草在秀珍菇栽培之應用。台灣農業研究。60：90-99。

何偉眞。2008。利用中藥渣栽培藥用菇類—松杉靈芝和雲芝。中醫藥年報。29(5)。

周昌弘。2006。農業廢棄物之利用與環保：植物相剋作用在永續農場之利用。農業廢棄物之利用與環保。P.106-116。

周恩存、王鐘和、鍾仁賜、陳琦玲。2016。經九年水稻玉米輪作下不同施肥管理對土壤氮和磷劃分之影響。台灣農業研究。65(3)：313-327。

林家棻。1980。台灣農田土壤肥力能限分類調查報告。台灣省農業試驗所編印。

林美霞、李金龍。1987。設施園藝發展方向之探討。設施園藝研討會專集。P.185-191。

林財旺、簡宣裕。1995。農畜產廢棄物利用及堆肥製造之現況。有機質肥料合理施用技術研討會專刊。P.43-58。

林毓雯、劉滄棽、王鐘和。2003。有機資材氮礦化特性研究。中華農業研究。52(3)：178-190。

林景和。2004。土壤腐植物質之管理。國際有機資材認證應用研討會專輯。財團法人全方位農業振興基金會編印。雲林，臺灣。P.167-183。

連深、郭鴻裕。1995。台灣農地之地力問題與對策—肥力性。土壤環境品質與土壤地力問題及其對策研討會論文集。中華土壤肥料學會。臺中，臺灣。P.51-98。

郭芷君。2015。茶渣再利用及做為菇類栽培基質之初探。茶葉專訓。87：13。

張粲如。1987。日本之設施園藝概況。設施園藝研討會專集。P.1-4。

張淑賢、洪崑煌。1979。氮供應形態、強度、及容量因子對水稻生育的影響。中國農業化學會誌。17(1-2)：24-35。

張淑賢。1995。有機資材利用之試驗研究現況與展望。有機質肥料合理施用技術研討會專刊。P.1-14。

張珈錡、安志豪、洪瑛穗、廖玉珠、郭爛婷。2015。替代性栽培介質應用於蘭科作物種苗栽培之研究。

許福星、洪國源、盧啟信。1998。施用牛糞堆肥及豬糞堆肥對盤固草產量品質及土壤地力之影響。中華農學會報。新第 187 期。P.101-106。

程永雄、陳季呈、倪蕙芳。2001。綠色葉茶類（葉茶甘藷）栽培介質之研發。中華農業研究。50(1)：1-11。

陳琦玲、連深。2002。台灣與日本土壤有機質的分解聚積模擬與肥力維持。中華農業研究。51(2)：50-65。

黃振文。2007。利用農業廢棄物研製植物保護製劑產品。*J. Agri. For.* 56(2): 106。

黃瑞彰。2014。蚯蚓化腐朽為神奇。科學發展。第 496 期。P.44-47。

雷通明。1987。從土壤學觀點談農業現代化。中華水土保持學報。18(2)：3-14。

楊純明。1995。台灣地區農業氣象災害（1945-1993）及因應之研究方向。中華農業氣象。2：31-35。

葉昇炎、鄭閔謙、程梅萍。2016。畜牧糞尿水資源化再利用之發展沿革。農業生技產業季刊。46：29-32。

趙維良、趙震慶。2008。連續十七年有機農耕法之土壤理化性質的評估。台灣農學會報。9(3)：270-289。

蔡永暉。1996。農水產廢棄物堆肥化之開發及應用（II）瓜類育苗介質之研製及

其理化性質。高雄區農業改良場研究彙報。1：43-54。

蔡佳儒、吳耿東。2016。台灣農業廢棄物製備生物炭之未來與展望。農業生技產業季刊。46：24 - 28。

劉毓娉、王鐘和。2008。連續施用三種不同廚餘堆肥對葉菜產量及土壤性質的影響。土壤與環境。第十二卷一、二期合訂本。P.13-26。

諶克終。1986。果樹之營養診斷與施肥。徐氏基金會出版。臺北，臺灣。

謝慶芳。1998。如何鑑定有機農產品。農業與生態平衡研討會專刊。P.189-196。

鍾仁賜。2008。臺灣有機農業二十年—研究與試驗。土壤與環境。11(1-2)：1-12。

戴順發、蘇士閔、林永鴻、趙震慶。2010。21 年長期有機農法試驗田土壤及作物生產監測。有機農業研究成果及管理技術研討會專刊。10：44-61。

簡宣裕、莊作權。1997。廢棄香菇木屑堆肥研製及對小白菜之肥效。中華農業研究。46(1)：70-81。

羅秋雄、李宗翰。2010。設施蔬菜有機培養長期施用有機質肥料對土壤性質及蔬菜生育影響。桃園區農業改良場研究彙報。67：17-32。

譚鎮中、王銀波、李振州。1998。施用有機肥料對蔬果中硝酸與銅鋅含量之影響。農產廢棄物在有機農業之應用研討會專刊。P.129-135。

Budai, A., A. R. Zimmerman, A. L. Cowie, J. B. W. Webber, B. P. Singh, B. Glaser, C. A. Masiello, D. Andersson, F. Shields, J. Lehmann, M. Camps Arbestain, M. Williams, S. Sohi, and S. Joseph. 2013. Biochar Carbon Stability Test Method: An assessment of methods to determine biochar carbon stability. International Biochar Initiative (IBI).

Hanan, J. J., W. D. Holley, and K. L. Goldsbery. 1978. Greenhouse Management. Spring-Verlag. P.530.

Hoa, H. T., C. L. Wang, and C. H. Wang. 2015. The effects of different substrates on the growth, yield, and nutritional composition of two oyster mushrooms (Pleurotus ostreauts and Pleurotus cystidiosus). *Mycobiology*, 43(4): 423-434.

Lehmann, J., and S. Joseph. 2009. *Biochar for Environmental Management: Sci. Technol.* Earthscan, London.

Nguyen, V. T., and C. H. Wang. 2015. Use of spent mushroom substrate and manure compost for honeydew melon seedlings. *J. Plant Growth Regulat.* 34(2): 1-8.

Nguyen, V. T., and C. H. Wang. 2016. Effects of organic materials on growth, yield, and fruit quality of honeydew melon. Commun. *Soil Sci. Plant Anal.* 47(4): 495-504.

Reynolds, W. D., B. T. Bowman, R. R. Brunke, C. F. Drury, and C. S. Tan. 2000. Comparison of tension infiltrometer, pressure infiltrometer and soil core estimates of saturated conductivity. *Soil Sci. Soc. Amer. J.* 64: 478-484.

Suzuki, M., K. Kamekawa, S. Sekiya, and H. Shiga. 1990. Effect of continuous application of organic or inorganic fertilizer for sixty years on soil fertility and rice yield in paddy field. *Trans. 14th Intl. Congr. Soil Sci.* 2: 14-19.

Truong, H. D., C. H. Wang, and T. T. Kien. 2017. Study on Effects of Different Medium. Compositions on Growth and Seedling Qualityof Two Tomato Varieties Under Greenhouse Conditions Commun. *Soil Sci. Plant Anal.* 48: 1701-1709.

Vo, H. M., and C. H. Wang. 2014. Physicochemical Properties of Vermicompost Based Substrate Mixtures and Their Effects on the Nutrient Uptake and Growth of Muskmelon (*Cucumis melo* L.) Seedling. *Biological Agr. Hort.* 30(3): 153-163.

Wander, M. M., M. G. Bidart, and S. Aref. 1998. Tillage impacts on depth distribution of total and particulate organic matter in three Illinois soils. *Soil Sci. Soc. Amer. J.* 62: 1704-1711.

Wang, C. H. 2004a. Soil fertility management of sustainable agricultural in Taiwan. In the proceeding of The 3rd APEC Workshop on Sustainable Agricultural Development. P.31-46.

Wang, C. H. 2004b. Improved soil fertility Management in Organic farming. In Proceeding of Seminar on organic farming for sustainable agriculture. Edited by FFTC and ARI. P.1-28.

Wang, C. H. 2013. Effects of different organic materials on the crop production under a rice-corn cropping sequences. Commun. *Soil Sci. Plant Anal.* 44: 2987-3005.

Wang, C. H. 2014. Farming Methods Effects on the Soil Fertility and Crop Production Under a Rice-Vegetables Cropping Sequences. *J. Plant Nutr.* 37(9): 1498-1513.

CHAPTER 10

有機農田土壤有機質的
管理策略

一、前言

　　土壤是培育植物生長之母，其重要性及功能在第七章中已提及，而土壤有機質雖然占土壤重量之比率不高，但卻扮演著極為重要的角色。土壤有機質的功能有：(1) 植物養分的儲存庫；(2) 土壤生物的食物來源；(3) 提供陽離子交換能力；(4) 增加土壤緩衝能力；(5) 增加保水力；(6) 改善土壤結構（郭魁士，1974；王銀波與趙震慶，1995a，1995b；王鐘和，2022）。而目前農田土壤因被過度利用，致使其有機質含量銳減，因而嚴重影響其品質與生產能力。土壤有機質大部分來自生長於其上之植物，植物的根散布在土壤內，當植物死後，這些根都遺留在土壤內成為土壤有機質的一部分。另外，植物地上部的枝葉及花果等物質掉落在地面上，再經由各種小動物之搬運，進入土壤內與礦物質混合，亦成為土壤中有機質的一部分。此外有些低等植物如藻類等，也能在土壤中自製有機質。動物的遺體及其排泄物雖然也供給土壤一部分有機質，但其量比植物所遺留下來的有機質要少很多（郭魁士，1974）。

　　這些植物及動物的殘體成為微生物及其他生物直接或間接的食物來源，這些生物都是不能利用無機的二氧化碳製造有機質的。這些生物利用植物殘體作為其能量的來源，一部分利用作為構成其新組織。其利用食物之方式係經由發酵分解或消化的作用，因而動植物殘體逐漸分解成為 CO_2、H_2O、NH_3、H_2S 及 H_3PO_4 等簡單無機物，同時釋放能量供這些生物生長所需，一部分分解成為比較簡單的有機化合物，又被這些生物吸收以構成其新組織，但也有一部分未分解或僅稍微改變其成分而遺留於土壤中與礦物質混合（郭魁士，1974）。

　　土壤中的有機物質，包括活的及死的、新鮮的或腐朽的、簡單的或複雜的有機化合物。土壤有機質可分為有機殘體及腐植質（Humus）兩部分。前者包括動植物已死的部分及動物排泄物等之各階段分解產物。後者為黑色的土壤有機質，其性質頗為穩定，較不容易被分解。其所含物質包括由有機殘體中抵抗分解力較強之有機物經輕微改變而遺留下來，以及由微生物合成的有機物質，此外活的微生物也包括在腐植質之內。有機殘體經腐質化作用（Humification）

形成腐植質，腐植化作用為有機殘體進行部分的分解作用及某特殊化合物之合成作用（林景和，2004）。

影響腐質化作用的因子如下（郭魁士，1974）：

（一）土壤溫度

溫度愈高（40℃以內）則分解愈快，所以熱帶旱地土壤，一般含有機質甚少。

（二）土壤水分

水分為生物所需要者，水分太少顯著影響微生物的活性，但水分過多會導致空氣缺乏，又會降低分解作用。

（三）土壤酸鹼值

真菌類對 pH 之適應範圍較廣，在極強酸性的土壤內仍能分解有機質。至於放射菌類及細菌類則須在近於中性的土壤中，才能發揮其分解有機質之功能。

（四）土壤空氣

好氣微生物在氧氣充足時，分解有機物的速度甚快，表層土壤有較多的氧氣，故其中的有機質分解最快；而底土中則分解很慢，尤其是密實的土壤與水分含量太多的土壤中分解最慢。

（五）土壤有效養分含量

土壤中所含有的微生物所需之有效營養元素，如有效性 Ca、P、N 等元素，常決定分解速度及影響腐植質類型的形成，有效性 N 化合物為其中之最重要者。所以肥沃土壤中有機質之分解較快於貧瘠的土壤。

（六）有機殘體的性質

一般而言，有機殘體之碳氮比（C/N Ratio）較低者分解速度較快。另外，碳結構較複雜者如纖維素、木質素、多酚類等也比簡單的碳水化合物及蛋白質

較難被分解（王鐘和，1999；林毓雯等，2003）。

二、影響土壤有機質含量的因素（郭魁士，1974；王鐘和，2013；鍾仁賜，2019；Wang, 2004a, 2004b）

土壤中有機質之含量受下列因子之影響：

（一）氣候因素

氣候因素中以雨量及溫度關係最大。就雨量而言，有機質之含量常隨雨量之增高而增加。乾旱地區（例如沙漠區）之土壤一般有機質含量極少，反之多雨地區之土壤則含有較多有機質。此因雨量愈少，則植物愈稀少，其產生之有機質甚少，故土壤由植物遺留之有機質亦少。反之，多雨區內植物生長繁茂，產生有機質之量多，故遺留於土壤中之量亦多。再就溫度而言，溫度愈高，有機質分解愈快，而土壤中保存有機質之量愈少，故土壤中有機質之含量，自寒帶以至熱帶，自高山以至平地，隨溫度之增高而降低。

（二）地形關係

低窪地排水不良之土壤，有機質分解受阻，存留之量常高。排水良好之旱地土壤，空氣流通，有機質分解迅速，故含量常低。傾斜坡地易受逕流之沖蝕，土壤不易保存，有機質也隨著表層土壤之沖蝕流失而不易保存。

（三）天然植物

在同一氣候與同一地形的環境中，草原地區土壤，因有草根之密布，易產生多量之有機質。森林地區土壤，表層土壤之植物根較少，如無生長各種植株短小的覆蓋作物，地面上之枯枝落葉易分解，故遺留於上層土壤中之有機質含量較低。

（四）土壤質地

粗質地土壤，例如砂土，因孔隙粗大，空氣容易流通，土壤中之有機質易

分解，因而含量常很低。細質地土壤，例如黏土、黏壤土等，孔隙細小，通氣困難，有機質分解緩慢而保存較多。

（五）土壤中黏粒含量

土壤中之有機質常與黏粒密切的結合，形成有機質黏粒之結合物（Organic-clay Combinations）。有些有機化合物與黏粒之外表相結合，有些進入黏粒之單位層際間。被結合的有機物常受到保護，不易再被微生物侵犯。此類結合物亦常視爲腐植質之一部分。

（六）土層的差異

在一個土壤剖面內，由於表層土壤有較多的動植物殘體，故有機質多聚於表層，愈下層含量愈少。

（七）耕作

農地土壤連年耕作，經常翻鬆表層土壤，大量空氣進入，使其中所含之有機質被好氣微生物快速分解，並且使土壤中之有機質含量逐年降低，除非經常施用有機物質，否則難以維持土壤中有機質含量達適量水準（Bayer *et al.*, 2000; Wander *et al.*, 1998）。

三、有機農田土壤有機質管理策略

未經人類破壞的地面，除極端乾旱或冰凍地區外，地表多有自然植被，在良好植被保護下的土壤，能適應各不同地區溫度與乾溼的變化，因植物枝葉的覆蓋作用、根系的固土功能、枯枝葉和根轉化的腐植質，以及動物與微生物的分解與消化作用，使各地區的表層土壤富含有機質，而得到適當的保護，同時亦形成與各地區環境平衡的發育狀態。除特殊地區外，無須加以人爲刻意的保護。而目前採行慣行農耕法之耕地土壤因集約栽培，經常耕犁，且施用大量化學合成物質，促使土壤中的有機質顯著被分解消失，致使土壤有機質含量甚低，導致其物理、化學及生物性質顯著劣化（王鐘和，1993，2013）。

有機農業

　　爲了因應過度排放之溫室氣體，而導致全球平均溫逐漸上升的情況，聯合國糧農組織與氣候變遷有關之國際組織，均呼籲應重視有機農業的發展與全球土壤碳匯之管理（FAO and ITPS, 2021），其原因爲有機農業等相關措施，均特別注重土壤有機質含量之管理，並從事以改善土壤物理、化學及生物性質的農業生產模式。藉由許多農田技術管理之手段，進而達到增加土壤碳匯之目的。有機農田土壤有機質之管理策略如下：

（一）施用各種有機物質

　　循環施用各種有機物質於土壤中，例如：綠肥、農場堆廄肥、作物殘株及市售有機質肥料等，可增加土壤有機質含量。並且因而可提升土壤品質，促進作物生長，產生大量有機物質，可回饋較多的植物殘體至土壤中（請參閱第七章）（王鐘和，1999，2011a，2011b；Wang, 2013, 2014）。

　　施用有機質肥料亦可增加土壤有機質之含量，但因其原料的性質不同，而礦化速率亦不同。因此，施用前須考量有機質肥料之礦化率，並計算推薦施用量。舉例：以礦化率50%爲例（以下公式），化學氮推薦量100公斤／公頃，而有機質肥料之氮量爲100 ÷ 50% = 200公斤／公頃，長期連續供應氮量200公斤／公頃，將遠超過作物需求，衍生不良效應。因爲初期施用在有機質肥料的氮200公斤／公頃 × 50% = 100公斤／公頃（等於化學廢料氮推薦量），但是連續以上施肥，有機質肥料氮量200公斤／公頃 ×100% = 200公斤／公頃（爲化學肥料推薦量的兩倍，過量供應氮素）。

$$0.5 \times (1 + 0.5 + (0.5)^2 + \cdots + (0.5)^n)$$
$$= 0.5 \times \frac{1 \times (1 - (0.5)^n)}{1 - 0.5} \doteqdot 1$$

　　要增加有機農田土壤有機質之含量（即有機碳含量），就需考慮如何提高土壤碳之獲得及降低碳的損失，其包含：增加田區植物殘留物回歸土壤、施用經發酵腐熟後之動物排泄物及生物製劑（微生物農藥、微生物肥料及有機質肥

料）等，既提升土壤品質，且維護作物健康及促進植株生長，並產生多量的有機物質。另外，旺盛的根系亦會生產多量的分泌物及殘留物。該如何降低土壤碳損失，其包括：有機物質在好氣狀態分解產生的 CO_2 或厭氧狀態產生的甲烷（CH_4）損失要儘量控制減少、要避免把多量作物殘體從田間移走、良好的水土保持以減少含碳多的表土經雨水或灌溉水沖蝕流失，以及小分子有機物在土壤孔隙中淋洗損失等（圖一）。

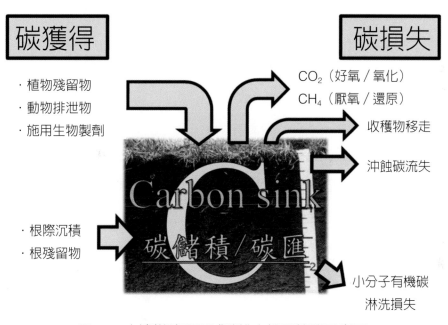

圖一　土壤增碳匯及減碳排之管理策略示意圖

（二）客土

　　質地太粗的土壤如砂土、石礫地等，因粗孔隙多，土壤水分保存不易，通氣能力佳，施入其中的有機質肥料甚易被分解消失，一部分已被分解成細小的有機分子也可能隨雨水或灌溉水淋洗入深層土壤中，不易保存於表層土壤中，如果能適當客入含黏粒較多之細質地土壤，不但具有省水保肥的效果，也有益於土壤有機質的涵養（圖二）；有機物質與細小的黏粒形成難被微生物分解的結合物，有助於有機物質的保存，及減碳排及增碳匯之功效（圖三）（王鐘和，2022；Weil and Brady, 2002）。

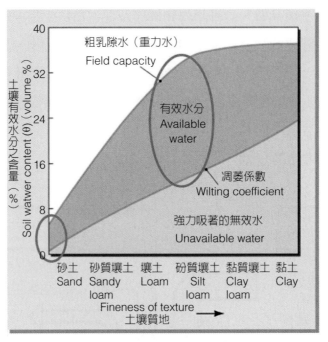

圖二　土壤礦物粒子砂粒、矽粒、黏粒不同比例，形成不同質地，而砂質地土壤
　　　之有效水分含量甚少，壤土則最多，砂土客黏質地的土壤，可以顯著增加
　　　有效水分之含量

（Weil and Brady, 2002）

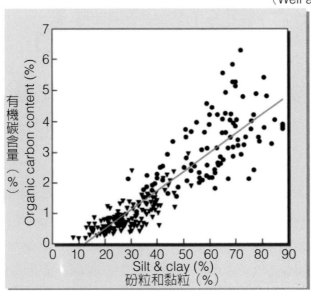

圖三　土壤有機質與黏粒形成紮密的結合物，使得有機質不易被微生物分解，故
　　　黏粒含量與有機質呈顯著正相關

（Weil and Brady, 2002）

（三）良好的農耕技術（請參閱第七章）

（四）最低耕耘及不整地栽培的管理技術（請參閱第七章）

五、結論

　　有機農場使用各種有機質肥料如綠肥、農場堆廄肥、各類作物殘體及市售有機質肥料，可顯著增加土壤有機質含量及肥力，提升土壤品質。有機農場週年內有各種植物（含雜草）輪間作，可產生大量植物殘體，提高土壤有機質含量。惟隨著有機栽培的時間增加，有機農田土壤之 pH 值、微生物活性及各種有效營養元素含量也會提高，而這些條件均會促使微生物之活性上升，加速土壤有機質的分解（王鐘和，2022）。尤其頻繁耕犁，導致表層土壤中的有機質易被好氣微生物快速分解而消失，故實施最少耕犁（環保耕犁）或不耕犁的耕作模式，可減少土壤有機質被分解損失，更可具有節省能源、資源及環境生態保育之效果，不但促進作物生長，也達到提升產量及品質的目標。另外，砂質地土壤客入較細的黏粒，將顯著提高其保水保肥的能力，不但具節水及節肥之功能，且降低有機質被分解的速度，可涵養較多的有機質。

參考文獻

王銀波、趙震慶。1995a。有機農業之意義及有關試驗之檢討。有機質肥料合理施用技術研討會論文輯。臺灣省農業試驗所與中華土壤肥料學會編印。臺中縣。P.8-18。

王銀波、趙震慶。1995b。有機與化學農法下土壤環境及養分收支之比較。83年度土壤肥料試驗研究成果報告（下）。P.491-555。

王鐘和。1993。轉作田玉米栽培技術及氮素營養管理。臺灣大學農化所博士論文。臺北市。

王鐘和。1999。堆肥製造技術專書第十五章：堆肥施用策略。行政院農委會農業試驗所編印。臺中縣。P.191-210。

王鐘和。2011a。有機質肥料施用技術。台灣有機農業技術要覽（上）。財團法人豐年編印。P.145-150。

王鐘和。2011b。有機資材種類與性質。台灣有機農業技術要覽（上）。財團法人豐年編印。P.251-262。

王鐘和。2013。有機栽培農田土壤有機質管理策略。土壤肥料研究成果研討會：一代土壤學宗師王世中院士百歲冥誕紀念研討會論文集。中華土壤肥料協會編。P.123-132。

王鐘和。2022。熱帶有機農耕增加土壤碳匯之策略。熱帶農業永續碳管理研討會。P.233-265。

林景和。2004。土壤腐植物質之管理。國際有機資材認證應用研討會專輯。財團法人全方位農業振興基金會編印。雲林縣斗六市。P.167-183。

林毓雯、劉滄棽、王鐘和。2003。有機資材氮礦化特性研究。中華農業研究。53(3)：178-190。

郭魁士。1974。土壤學。中國書局印行。

鍾仁賜。2019。土壤有機質的重要特性與其提升之施肥策略。108年循環農業與作物營養管理研討會論文集。農業知識庫特刊第55號。P.43-60。

Bayer, C., J., T. A. Mielniczuk, L. Amado, M. Neto, and S. Fernandes. 2000. Organic matter storage in a sandy clay loam Acrisol affected by tillage and cropping system in southern Brazil. *Soil Tillage Res.* 54:101-109.

FAO and ITPS. 2021. *Recarbonizing global soils: A Technical manual of recommended management practices.* Vol. 1-6.

Wander, M. M., M. G. Bidart, and S. Aref. 1998. Tillage impacts on depth distribution of total and particulate organic matter in three Illinois soils. *Soil Sci. Soc. Amer. J.* 62: 1704-1711.

Brady, N.C. and R.R. Weil, 2002. The nature and properties of soils, 13th Ed. Prentice-Hall Inc., New Jersey, USA. 960p.

Wang, C. H. 2004a. Soil fertility management of sustainable agricultural in Taiwan. In: the Proceeding of The 3rd APEC Workshop on Sustainable Agricultural Development. P.245-263. Taiwan Agricultural Research Institute, Taichung Hsien, Taiwan.

Wang, C. H. 2004b. Improved Soil Fertility Management in Organic Farming. P.1-28. In: Proceeding of Seminar on Organic Farming for Sustainable Agriculture. Edited by FFTC and TARI. Taiwan.

Wang, C. H. 2013. Effects of different organic materials on the crop production under a rice-corn cropping sequences. *Communication in Soil Science and Plant Analysis*, 44: 2987-3005.

Wang, C. H. 2014. Farming Methods Effects on the Soil Fertility and Crop Production Under a Rice-Vegetables Cropping Sequences. *Journal of Plant Nutrition*, 37: 1498-1513.

CHAPTER 11

各類作物有機栽培的
土壤肥培管理技術

一、前言

如何選擇品質優良的有機質肥料？施用前又該注意什麼？營養元素係以簡單之離子型態被作物吸收，有機質肥料的營養成分需經土壤中微生物分解礦化後，釋出無機養分，作物才得以吸收，有機質肥料在土壤中的礦化作用除了其本身之性質外，尚受到許多因子影響，諸如土壤環境特性（溫度、水分、質地、pH 值、有機質含量等）、氣候環境（溫度、降雨量等）、耕作制度、施用量及施用時期等因素之影響。一般認為有機質肥料之肥效，旱田高於水田的原因，除了養分供給之功能外，有機質改善土壤物理性和生物性之功效更能在旱田中發揮之故。施用有機質肥料時，需考慮下列因素：

（一）考量堆肥之特性

有機質肥料種類繁多，大致可分為難分解型與易分解型兩種：難分解型一般是以稻殼、樹皮、木屑、作物殘株等材料為主，堆製腐熟而成之有機質肥料含豐富纖維質，而氮、磷、鉀三要素含量則較少，因其在土壤中的分解較慢，適宜用在改良土壤理化性質和促進土壤微生物活性，使作物根部有良好生長環境。易分解型一般以禽畜糞、動物性廢棄物、油粕類等材料為主，堆製腐熟而成之有機質肥料，含纖維質較少，氮、磷、鉀三要素含量高，其所含養分在土壤中分解釋放較快。施用時應注意其釋出之要素養分量。

（二）考量作物種類與需肥特性

生產潛力較大之品種需肥量多，短期作物如蔬菜作物養分供應量要充足（尤其氮肥），長期作物如果樹作物要注重土壤性質改善，促進根系活性，以及配合各生育分化階段，調節養分供應。

（三）注意堆肥品質

堆肥如未經發酵完全，施用後易因繼續在土壤中發酵，產生危害作物根部之物質，滋生病原菌及雜草叢生等現象，故在施用前要注意其品質。

（四）不同性質有機肥配合當基追肥使用

有機質肥料施用至土壤中，除了原先含有之少量無機態養分外，大部分的養分需經土壤中之微生物分解後，才能釋出供作物使用，且其養分係緩慢釋放，因此，宜當基肥使用，種植前翻犁，使充分與土壤混合，且避免與石灰資材同時混合施用，避免銨態氮以氨氣狀態揮散損失，並配合養分釋放速率較快（碳氮比較低者）之有機質肥料當追肥，以調節作物之養分吸收。

（五）配合良好的水分管理

土壤的水分保持適宜狀態，有利於微生物活動，分解堆肥釋出養分，且有益於作物根系吸收養分，提高堆肥養分之利用率。

（六）根據土壤診斷施肥

連年施用有機質肥料後，除了應考慮所施有機質肥料之可礦化養分量外，亦要評估土壤中累積的有機物質可礦化養分量，以二者之和作為預期有機物質供給要素量。

（七）靈活運用有機液肥，適時調節營養供給

土壤診斷結果固然可了解土壤肥力狀況，但是完全使用固態有機質肥料來供給養分，有時會有緩不濟急之困擾，以及養分釋放不能配合作物生長所需之缺點，如能佐以有機液肥，因其所含之溶解性養分及小分子之有機分子能較快速供給作物生長所需，有利調節作物營養，使其有良好的生產型態，獲得較佳的產量與品質。

了解作物之營養需求，以及土壤與肥料的性質，施用前並加以考量及診斷，則為是否能達到生產高品質有機農產品之重要關鍵。在此針對臺灣主要栽培作物如水稻、茶樹、果樹、蔬菜及保健作物等進行探討，供讀者參考。

二、水稻有機栽培之有機質肥料施用技術（王鐘和，2017）

　　施用肥料的目的在於補充土壤有效養分之不足，達到促進作物生長的效果，其用量及施用時期則需考量不同作物之營養需求特性，適當施用才能達到預期的目標。

　　諶克終（1986）於不同營養需求之作物進行水耕試驗，其資料顯示，蔬菜作物需要較高濃度之養分供給，才能生長正常，其適宜之養液濃度為氮 210 ppm、磷酸 31 ppm、鉀 234 ppm。果樹次之，分別為 100 ppm、10 ppm 及 100 ppm。而水稻則最低，僅各為 10 ppm、10 ppm 及 25～35 ppm。故需針對目標作物給予適宜之土壤肥培管理技術，方可達最佳之生長勢及產量收益（表一）。

表一　各類作物適宜之養液濃度

（單位：ppm）

作物名	氮	磷酸	鉀
禾本科	10	10	25～35
果樹	100	10	100
蔬菜	210	31	234

（諶克終，1986）

　　水稻對三要素之反應，以氮素最為敏感，氮素缺乏則發育不良，產量亦不高，但施用過量或施用時期不當，易因生長過旺導致罹患病蟲害或引起倒伏而減產。水稻自播種至收穫之任何階段均可吸收氮素。張淑賢與洪崑煌（1979）指出以含有穩定低濃度氮素的養液栽培水稻，能使水稻生長良好（表二），但就各生育階段所吸收氮素對稻穀生產之效率而言，則以分蘗盛期及幼穗形成期為最大。分蘗盛期及幼穗形成期之氮素養分充足與否，影響穗數、稔實率及千粒重。因此，欲獲高產必須在這兩個時期充分供應氮素肥料。氮肥施於稻田

表面後，極易因脫氮作用而揮失，且亦有一部分流失，其損失量因土壤質地而異，故氮肥需分次施用，混入土中的基肥亦可減少損失，而漏水過速之水田則不施用基肥。分蘗盛期之追肥應視分蘗狀況；穗肥應依葉色情況，調節施用。磷肥以一次作基肥施用為原則，鉀肥則著重追肥分施，避免過早施用而流失（作物施肥手冊，1986）。

表二　精谷產量之比較

養液 NH_4^+-N ppm	精谷重（公克／每株）		
	一期作	二期作	平均
2	26.7*	16.3	21.5
4	32.3	11.6	22.0
8	30.4	16.9	23.7
16	24.5	16.7	20.6

* 數據為兩品種收量平均

（資料整理自張淑賢與洪崑煌，1979）

傳統水稻栽培需要晒田時期，表面看來雖只是水分灌溉的有無，然其意義在於調節稻田土壤中的空氣含量，藉由空氣大量進入呈還原狀態土層中，土壤中銨態氮因氧氣的供應而轉化成硝酸態氮，因水稻較不喜歡吸收硝酸態氮，且硝酸態氮較易流失，因此可以避免水稻植株吸收過多氮素、生長過旺，造成分蘗數太多，下位葉節間太長，易倒伏。以及植株太茂盛，葉片互相遮蔽，造成病蟲害滋生的負面效應（圖一），故水分的管理具調節水稻氮素營養的意義。有機栽培的水稻田土壤也會因有機質過度累積或施用有機質肥料量太多，而可能會有供應超過水稻生長所需氮素的情形產生，在分蘗盛期以後，如果水稻生育狀況過度茂盛，晒田斷肥的措施將甚為重要。

圖一　晒田除了可避免稻田土壤的還原狀態，更具有調節水道氮素營養的功能

（一）有機水稻田之肥培管理要領

水稻有機栽培因係屬全有機栽培之模式，必須全部使用有機資材來供應水稻生育之養分，長時間投入有機質肥料於土壤中，是不可避免的。因此，合理且適當地施用有機質肥料，為有機水稻經營成敗之重要因素。施用時必須注意下列事項：

1. 妥善利用稻草

稻草為稻米生產的副產品，其產量受到水稻品種、環境（氣候及土壤）與栽培管理的影響。我國稻穀年產量以 200 萬公噸計算，則我國每年就有約 200 萬公噸稻草的產出，是一種大宗的農產廢棄物，如妥善利用，將成為提升土壤肥力之重要資源。水稻機械收穫後，將聯合收穫機排放在田面上的稻草，經過人工略加翻動，使其分布均勻，並經過幾日曝晒，質地較軟化後，才耕犁掩埋入土壤中。為了避免分解過程中產生有機酸、重碳酸根及硫化氫等（因還原作用而生成之產物）及氮素固定作用之影響，至少在插秧前二週以上，就需將稻草耕犁掩埋入土壤中，既可提供土壤有機質，其分解放出之營養元素，亦可補充土壤之養分。根據 Park 和 Kim（1988）於韓國長達 16 年之調查資料顯示（表三），將稻草就地掩埋施入稻田中，對不同品種之水稻均略有增產之功效，其

增產作用不高之原因為稻田之還原狀態，本來就較利於有機質的涵養，有機質不會快速分解，較易維持在適當的水準，因此只要適當地施用氮、磷、鉀三要素肥料，水稻即可生長良好，即使稻草移除，但稻田中仍留存有稻樁及稻根（約占全株生質量之 15～20%）已可使稻田維持適當的有機質含量。

表三　施用有機質肥料對作物產量之影響（1962～1977）

作物		調查地點	產量（公噸 / 公頃）			調查地點	產量（公噸 / 公頃）		
			N.P.K	N.P.K+ 堆肥	指數		N.P.K	N.P.K+ 稻草	指數
水田 Japonica		815	4.78	4.97	1.04	324	4.83	4.96	1.03
水田 Japonica X induca		61	6.57	6.73	1.02	64	6.79	6.84	1.01
旱田作物	大豆	61	1.53	1.93	1.26	49	1.57	1.86	1.19
	大麥	19	1.80	2.27	1.26	1	2.86	4.24	1.48
	小麥	14	1.90	2.24	1.18	3	2.10	2.66	1.27
	芝麻	4	0.61	0.66	1.09	3	0.62	0.76	1.23

值得注意的是，施用稻草或堆肥對下一作均有顯著的增產效果，其原因當然是旱田作物對高養分濃度的需求較水稻強，故施用有機質材（不論是稻草或堆肥）有利於養分的提供及保肥和保水能力的提升，且對生長有明顯的助益。

另外，要注意的是，由於稻草具有高的碳氮比（約 60～70 之間），掩埋入土壤中後，會從環境中固定氮、磷等養分以促進分解，雖然可配合施入氮、磷等化學肥料，但為節省資源及配合政府推廣之栽植綠肥作物的政策，可於水稻收割前將綠肥種子（如夏季綠肥田菁或冬季綠肥埃及三葉草與油菜等）撒種於稻田中。水稻收穫後，綠肥已在稻草下發芽生長。如果水稻與後作作物之休閒時間短，與稻草同時掩埋之綠肥田菁（約生長 30 天，高度約 30 公分）的

生質量雖然不高，但因其極幼嫩，氮素含量高，碳氮比甚低，掩埋後可快速分解，釋放無機養分，配合稻草一起掩埋，還可供應稻草分解所需之養分。

　　如果兩期作之空閒時間較長，則可以使綠肥有較長的生長時間，累積大量的生質量與養分，一般而言，乾物質可達 5.5 公噸／公頃左右，而氮素量則可達 100 公斤／公頃以上，且其碳氮比也僅約 20～30 之間，施入土壤中仍能快速分解，供應稻草分解時所需的無機養分，又可提供土壤大量的有機質，改善土壤物理、化學及生物性質，提升土壤肥力。惟要避免後作作物因氮素吸收過量（由綠肥、稻草、土壤及肥料等來源供應之氮素），產生不良的影響，應配合減少有機質肥料施用量，一定要記住「種綠肥，後作一定要減肥」的口訣。

2. 選用適宜的有機質肥料

　　除了適時、適量供應作物生長所需之養分外，長期施用有機質肥料，亦要評估土壤累積之既有有機質可礦化養分量，以二者之和作為預期可由有機質供給之要素量。此外，有機質肥料如未經發酵完全，施用後易因繼續在土壤中發酵，產生危害作物根部之物質，滋生病原菌及雜草滋生等現象，故在施用前要注意其品質。

（二）水稻之有機質肥料施用技術

　　水稻由於品種、栽培方法以及土壤肥力不斷改進，肥料需要量不斷變化，故有關肥料需要量之試驗亦從未間斷。由田間肥料需要量試驗求得施肥效應與土壤中有效養分含量之相關資料顯示，其中以磷、鉀之測定值與施肥效應之關係甚佳，為磷、鉀肥需要量推薦之依據。

　　有機質肥料對旱作有其重要性，但對於稻田則尚有商榷餘地。有機質肥料中之綠肥依據以往的試驗結果，肥效與化學氮肥並無顯著差異，故其後作應減施氮肥，以避免氮素供應過度之負效果（王鐘和等，1994）。日本之試驗資料顯示，堆肥初期肥效表現雖不如化學肥料，然在長期施用情形下，其肥效有優於化學氮肥之趨勢（Suzuki *et al.*, 1990），臺灣亦有類似之試驗結果（林家菜等，1973），但增產幅度不大，且有機肥料價格高於化學肥料，故除了有機水

稻栽培以外，稻田可以不必過度提倡有機質肥料之使用，僅以鼓勵作物殘株還原於土壤即可。蓋在稻田狀況下，只要化學肥料使用適宜，作物生長被促進，其收割後之殘株即維持一定的有機質含量（圖二及圖三），即使施用較多之有機質亦因分解迅速，而難以提高土壤有機質之含量。

施宗禮與謝元德（1994）指出施用各類有機質肥料區之水稻產量與品質並未高於化學肥料區，而施用高量豆粕類有機質肥料時，因氮素供應過多，對水稻生育產生不良效果。王鐘和等人（2002b）也指出長期施用豬糞堆肥對旱作玉米的產量與化肥區相比較，有顯著增產之效果，但對水稻產量則無明顯之影響。

稻田施磷、鉀肥之效應本就較低，且依據近年來水稻豐歉試驗之資料顯示稻田磷鉀肥力已較往年提高（連深，1998），故理想的有機資材應採用礦化速率快且氮素含量高，磷鉀含量較低之菜籽粕、花生粕等豆粕類有機質肥料，因其礦化速率快，易於適時供應及調節水稻生育所需，不但較符合經濟成本，且能避免磷鉀過度累積及充分供應氮素。但仍要注意施用時期及用量以求氮素供應之平衡（王鐘和與江志峰，2003）。

（三）水稻之營養管理

水稻對三要素之反應以氮素最為敏感，施用氮肥可獲得 25% 左右之增產效果，而磷鉀肥之增產效果則較小（王鐘和等，2002b；王鐘和等，2002d；Su, 1975）。以含有穩定低濃度氮素的養液栽培水稻，就能使水稻生長良好。稻田土壤的養分含量顯著低於蔬菜園土壤（王鐘和等，2002b）。臺灣並已依前人研究的成果推薦有水稻合理施肥技術（王鐘和，2002；連深，1998；謝慶芳與黃山內，1976；作物施肥手冊，1986；Su, 1975）。由於一般農友在栽培水稻的過程常施用超過政府推薦的用量（王鐘和等，2002b；連深，1998），近年來水稻豐歉試驗之資料顯示，稻田磷鉀肥力已較往年提高（連深，1998）。肥料（包含化學肥料及有機肥料）的不當使用對水稻生長及環境均有不良效果（王鐘和，2002），尤其是有機質肥料施用後易因繼續在土壤中發

圖二　水稻收割後，稻草加上稻樁及稻根循環犁入土壤中，足可使稻田維持適當
　　　的有機質含量

圖三　水稻田因經常保持浸水狀態，易使土壤呈現還原狀態

酵，使得水田的還原程度更深，產生危害水稻根部之物質，不利水稻生長。前人的報告也顯示有機質肥料對旱作的增產效果大，對水稻則效果較低（王鐘和等，2000；王鐘和，2002；Suzuki *et al.*, 1990）。另外，當有機稻田土壤之有機質含量已提升後，不再把稻草耕犁回土壤中，可減少溫室氣體甲烷（CH_4）之排放（王鐘和，2022）。

水稻有機栽培可採用氮素含量高、磷鉀含量較低之高含氮量的豆粕類有機質肥料，較符合經濟成本，且能避免磷鉀過度累積及充分供應氮素。但仍要注意氮素供應之平衡，避免因氮素供應過多，對水稻生育產生不良效果。

（四）長期施用須注意事項

長期過量的施用有機質肥料，除了可能造成土壤中累積多量的有機質、礦化氮素量超過作物生長所需的氮素需要量，也會造成作物產量、品質下降及污染環境。相關試驗顯示，長期施用有機質肥料之土壤中磷、鉀、鈣、鎂含量有過量累積之現象，其對土壤環境及其他養分元素之影響，值得加以關注。故長期施用有機質肥料時，應配合施用含氮量高之有機資材，既可減少有機質肥料用量，且可避免上述現象產生。甚多研究報告之結果指出，長期施用有機質肥料有提升土壤 pH 值至鹼性之現象，鑒於部分營養元素在鹼性之土壤環境中有效性降低，及鹼性環境易使銨態氮肥以氨氣之型態揮散，長期施用有機質肥料時，土壤 pH 之變動趨勢，實須加注意。相關試驗亦指出長期施用有機肥區表土萃取性銅與鋅量顯著高於化肥區，雖然禽畜糞堆肥施用於農田對土壤肥力有所助益，但長期施用時，其所含重金屬仍須加以注意，因重金屬在土壤中不易回收，且有機質肥料之施用量甚大，故施用有機質肥料是否使農田土壤受重金屬污染之顧慮值得重視。

稻田施磷鉀肥之效應本就較低，且依據近年來水稻豐歉試驗之資料顯示，稻田磷鉀肥力已較往年提高（連深，1998），故理想的有機資材應採用礦化速率快且氮素含量高，磷鉀含量較低之茉籽粕、花生粕等豆粕類有機質肥料，因其礦化速率較快，易於適時供應及調節水稻生育所需，不但較符合經

濟成本，且能避免磷鉀過度累積及充分供應氮素。但仍要注意施用時期及施用量，以求氮素供應之平衡。

（五）有機水稻施用有機質肥料之實例

李健擇與陳榮五（1998）報告指出菜籽粕是中部地區水稻有機栽培使用之主要有機質肥料，其氮：磷酐：氧化鉀之比率為 5.3：2.3：1.3。其推薦量每公頃為 4,000 公斤，1/2 當基肥使用，約於整地前 10 天用，可以避免插秧後，因菜籽粕發酵產生之高溫對水稻生長產生危害，並可適時提供水稻初期生長所需之營養元素；1/4 作為追肥，供應水稻營養生長期間養分之吸收；1/4 作為穗肥使用。一般慣行之水稻栽培，穗肥於幼穗形成約 0.2 公分時施用最為適當，但有機質肥料需要時間進行礦化作用，才能釋放出營養成分，因此建議一期作約於幼穗形成前約 8～10 天，二期作約於幼穗形成前約 6～8 天施用最為適當。有機質肥料應避免於幼穗形成期後再施用，以免因穀粒充實期間，有過量的氮素供應，不利於稻米品質的提升。

王鐘和等（2002c）指出蔬菜、水稻輪作有機栽培之試驗結果顯示，長期施用禽畜糞堆肥，有機栽培區之氮素供應較化學栽培區有不足之現象，故水稻產量較低，而部分（50%）有機肥料量改施菜仔粕後，因氮素礦化速度較快，故可改善缺氮及避免磷、鉀等營養鹽過度累積之問題。王鐘和等（2002d）指出水稻和玉米輪作田長期（1995～2002 年）施用豬糞堆肥可使田區之有機質及有效磷、鉀、鈣、鎂等含量遠高於化學肥料區，致使玉米作之子實產量高於化學肥料區，但是水稻作之稻穀產量施豬糞堆肥區卻是較化學肥料區低，其原因為有機質肥料沒辦法如同適當施用化學氮素肥料，以調節水稻，使其有最佳生產型態之功能。

（六）有機水稻田應用綠肥之策略

1.輪作方式

綠肥作物與主作物輪流耕作是常見的方式，如豆科綠肥與非豆科作物（如玉米）或水稻之輪作。另外，在冬季蔬菜生產過剩，價格大跌期間，種植冬季

綠肥埃及三葉草、油菜或苕子等，可舒緩蔬菜生產過剩，避免價格慘跌。且綠肥提供之養分可有效提供下一期作物生長所需，達到節省肥料資源，降低生產成本的目標。

2. 綠肥施用要領

從增加土壤有機質及提高土壤地力之角度來看，應當選擇有機物總量多且碳：氮比高之綠肥較佳；即綠肥作物生長至成熟期才犁入土壤中為宜。其數量、性質均會影響後作作物之生長，需依綠肥的作物種類、株齡、生產量及下期作物的種類而有不同。水田施綠肥之注意事項：水稻田如過量施入綠肥，在分蘗期因過多氮素釋出，水稻吸收氮素過量，易產生過多的無效分蘗，會有不良效果出現。因此，綠肥不應過量外，亦需提早翻犁，而達到提早腐熟，減少綠肥可能引起的缺失，尤其土壤排水不良區的水田，需避免過量施用豆科綠肥。另外，配合綠肥的施用，一定要減少後作有機質肥料用量，在需肥較低之有機水田，甚至只要在水稻幼穗形成期前 10 天左右，視水稻葉片綠色深淺程度，酌量施用具快速分解特性的粕類肥料即可。

3. 滿江紅的應用

有機水稻田栽植滿江紅亦可視為綠肥之一種，水稻生育初期滿江紅可抑制雜草之生長，避免雜草競爭養分，惟此時期滿江紅也略與水稻競爭養分，水稻生育中期晒田時，滿江紅大量死亡，植體經分解可釋出大量養分（尤其氮素），應注意避免該時期水稻氮素吸收過量，對子實生產不利（圖四）。

三、茶樹有機栽培有機質肥料施用技術（王鐘和，2017）

（一）茶樹營養管理

據調查臺灣地區茶園土壤以酸性之磚紅化紅壤、灰化紅黃壤及黃棕壤等居多，土壤中之鹽基養分大都因雨水的淋洗滲透而流失，或被固定成作物不易吸收的型態（尤其是磷），屬較不肥沃之土壤（林木連，1993）。茶樹為主要生產芽葉之多年生作物，每年從茶樹上移走大量的茶菁，一年之中由植株移

圖四　有機栽培水稻田施用滿江紅可抑制雜草生長，且因固氮作用可額外增加氮源，但晒田期滿江紅會分解釋出養分，應注意氮營養管理

除之氮素量甚為可觀。相關試驗結果顯示，氮素供應之豐缺不只影響茶樹之茶菁產量，也與茶葉之品質有著密切之關係（林毓雯等，2000；張鳳屏，1993，1995）。

　　氮肥的施用雖然對茶葉的產量及品質有提升的功效，但如長期過量施用肥料，會造成茶園之土壤過度酸化或營養鹽基過度累積，不利於茶樹生長。整理前人施用有機質肥料的試驗資料顯示，產量與土壤有機質含量並無顯著相關，並且產量與土壤有效養分磷、交換性鉀、鈣、鎂等營養元素含量為負相關（王鐘和，2002b；林木連，1993；林毓雯等，2000）。

　　為了提高茶樹之氮營養，增施氮肥並不是唯一的手段，運用適當的栽培管理亦可以得到良好的效果。譬如搭配適當的灌溉系統（含噴灌系統），使土壤有較佳的水分含量，能增進土壤有機質礦化釋出的氮量，增加土壤中氮素的強

度，同時因土壤有效水分的增加，土壤氮素供給之容量亦隨之上升，一併提升了根的活性，增加養分的吸收效率。

（二）茶樹的之營養需求特性及其管理要領

掌握茶樹的營養特性，佐以對土壤及肥料性質的了解，適宜施行肥培管理措施，將可有效提升茶葉的品質與產量。茶樹的營養特性大致可歸納如下：

1. 茶樹是耐酸性土壤的作物

一般而言，強酸性土壤的一些特性及對土壤營養元素有效性之影響，對大多數的植物之生長均是不利的。眾多論著及報告均指出，茶樹是喜好酸性土壤環境之作物；適宜之土壤 pH 範圍為 4.8 至 5.6（吳振鐸，1963）或 4.0 至 5.5（林木連，1993，2000）。因此，我們可以說茶樹是一種很特別的作物，因偏好生長於強酸性之土壤環境（pH 小於 5.5）。

2. 茶樹是嗜鋁的作物

鋁雖為土壤（黏土礦物）的重要成分，卻為不溶性。惟當土壤的酸性增加至某一程度以上，則土壤中的鋁會溶出，而土壤膠體上之交換性鋁及土壤溶液中之鋁離子均會增加。大體而言，土壤中之交換性鋁或土壤溶液之鋁濃度均與 pH 值成顯著的負相關。鋁毒害對高等作物所造成的初始症狀為抑制根部生長，使根尖及側根變得較粗，小的分枝及根毛的數量都會減少（Barcel and Poschenrieder, 2002）。此種鋁對根部所造成的傷害是明顯減少了根部與土壤的接觸面，大大降低作物對養分及水分的吸收效率（Wright, 1989）。Chenery（1955）發現鋁可以促進茶樹的生長，其研究結果顯示，當茶樹生長於石灰質土壤時，葉片會有黃化之現象產生，但施用含鋁的溶液後，又可轉變為綠色，顯示茶樹對鋁的特殊需求。松田等人（1979）則發現當培養基中之鋁除去時，茶樹之生長明顯受到影響。高橋（1974）、Owuor（1985）、Owuor 和 Cheruiyot（1989）等人的報導亦指出茶樹在酸性土壤中生長最好，因為酸性土中含有較高濃度之有效鋁。目前雖然無法證明鋁為茶樹生長之必需元素，但其為有益元素（Beneficial Element）是無庸置疑的。

3. 茶樹是氮素需求高的作物

茶樹為主要生產芽葉之多年生作物，每年從茶樹移走大量的茶菁，臺灣茶園一年中採摘茶菁次數可達 4～7 次之多。因此需要充足的供應其生長所需要的養分，尤其是構成枝葉有機架構之氮素養分更為重要（表四）（張鳳屏，1995）。當茶樹氮素缺乏時，新梢內蛋白質、核酸及葉綠素等有機成分的合成受到阻礙，新梢生長勢減弱，對產量及品質的影響頗大。反之，氮素充足供應之茶樹，雖然植株上幼嫩的芽葉因採摘被移走，但新的蛋白質及葉綠素等成分又不斷地合成供新芽萌發，這是氮素對茶菁生長的顯著功效，故有人稱茶的生產是氮的生產。

表四　茶樹葉片元素含量適宜範圍

元素	含量適宜範圍（%）	元素	含量適宜範圍（ppm）
氮（N）	4.00～6.00	鐵（Fe）	90～150
磷（P）	0.25～0.40	錳（Mn）	300～800
鉀（K）	1.50～2.10	銅（Cu）	8～15
鈣（Ca）	0.25～0.55	鋅（Zn）	20～40
鎂（Mg）	0.15～0.30	鋁（Al）	400～900

（張鳳屏，1995）

一般而言，每生產 1 公噸乾茶葉中，所含氮素約有 35～75 公斤之多，加上枝梗及每年例行之修剪，一年之中由植株移除之氮素量甚為可觀。相關試驗結果也顯示氮素供應之豐缺不只影響茶樹茶菁產量，也與成品茶葉之品質有著密切之關係（張鳳屏，1993），因此氮素養分的適切供應及管理甚為重要。

4. 茶樹是喜好銨態氮的作物

許多前人研究資料顯示，不同型態的氮素肥料中，茶樹對銨態氮的吸收有偏好，供應硝酸態氮處理之茶樹大都生長勢不良，茶葉之產量及品質均較差；反之，供應銨態氮肥（含尿素及銨態氮肥等）之茶樹，則葉片顏色較綠，生長情形較佳，產量及品質均較高（邱垂豐與朱德民，1994；Obatolu, 1985；Tang *et al.*, 2019）。此情形對氮素型態吸收之偏好特性，實在是茶樹為了適應其生長土壤環境之特性，經長期演化而生成。國內外之調查資料均顯示茶園的土壤絕大部分均屬強酸性土壤（pH 小於 5.5）（表五），在此種強酸性土壤的環境中，負責將銨態氮素轉化成硝酸態氮素（即所謂硝化作用）之微生物活性是受到嚴苛限制的，研究資料顯示土壤 pH 值小於 5.0 時硝化作用已甚微；小於 4.0 則完全無法進行，而最適硝化作用之 pH 範圍則介於 6.6～8.0 之間。為了在此種天然環境中存活，茶樹自然演化成偏好銨態氮素，也因此其植體中之硝酸還原酵素較一般植物低。

表五　幾處茶園表土（0～20 公分）土壤性質及有效養分含量

	酸鹼值（1：1）	電導度（1：5）mS/cm	有機質 %	白雷氏第一法磷	交換性鉀	交換性鈣	交換性鎂
				--------mg/Kg-------			
有機栽培茶園 [1]							
A	3.6	457	8.9	686	135	689	228
B	6.5	190	5.4	167	442	2,283	159
C	3.9	300	6.7	760	332	645	114
D	3.5	780	5.5	668	745	473	110
E	6.0	140	5.9	377	491	2,856	161
傳統栽培茶園 [2]							
淡水	4.9	-	2.6[3]	6.5	109	171	31.9
林口	4.4	-	1.0	1.5	51	29	6.0
龍潭	4.6	-	1.6	5.0	51	71	4.5
坪林	5.0	-	1.4	36.0	153	343	19.4
頭屋	4.9	-	0.8	56.0	49	100	18.1

[1] 王鐘和，2004

[2] 朱惠民，1982

[3] 以土壤氮含量乘以 20 倍估算

（三）茶園有機栽培土壤肥培管理常見的缺失

1. 不當及過量施用石灰資材

　　施用石灰資材不當容易造成茶園土壤 pH 值明顯提升超過 5.5 以上，超出茶樹適宜生長之範圍，由中國大陸林智等（1990）之報告及整理國內前人試驗資料作相關圖，已可發現 pH 值與茶樹全株重及茶菁的產量是呈負相關的，即 pH 值愈高，茶樹生長愈差，並且使茶葉的品質呈下降趨勢。前人的研究指出茶葉成分中的胺基酸、水溶性溶出物及兒茶素含量均與茶葉的品質呈正相關；即含量愈高，品質較佳。而咖啡鹼則呈負相關；即含量愈高，茶葉品質愈差。而相關資料則顯示茶園土壤 pH 值增加對茶葉品質是有不良的影響（圖五）。

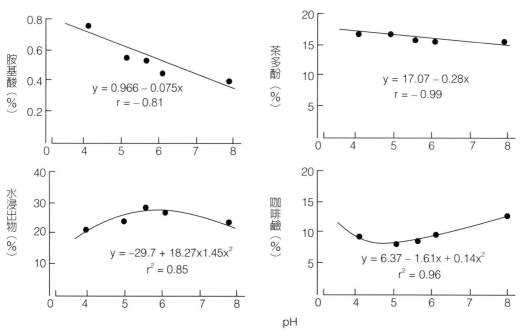

圖五　茶園土壤 pH 值對茶葉品質成分的影響

2. 不當及過量施用有機質肥料

　　長期過量施用有機質肥料，除了會造成茶園土壤 pH 值及有機質含量提升，尚且會使營養鹽基過度累積，整理前人施用有機質肥料的試驗資料作圖顯

示，產量與土壤有機質含量無顯著相關，並且產量與土壤有效養分磷、交換性鉀、鈣、鎂等營養元素含量是呈負相關的，即含量增加時，產量已呈下降趨勢的（王鍾和，2002d）。筆者調查有機栽培茶園土壤肥力狀況亦顯示土壤中有效養分含量極明顯的較前人之報告中傳統栽培茶園高（表五），部分茶園的酸鹼值太低或較高，此均不適於茶樹生長，因而有導致茶樹大量產生花苞，明顯影響茶樹的生長的情形產生（圖六）。

圖六　茶園土壤累積大量營養鹽，茶樹萌生大量花苞，不利茶菁生產

（四）有機栽培茶園土壤肥培管理策略

1. 有機茶園土壤管理

影響根系生長與分布的因素很多。各項影響根系生長的因子中，首推土壤環境的品質，如土層深厚，通氣、排水及保水良好、鬆軟無限制根系生長之硬盤及酸鹼值適當的土壤最適合於根系生長。因此，除了在茶園開墾定植前，土壤除應給予適當翻犁外，種植後每 2～3 年一次之深耕及每年之中耕都是必須的，其目的在於經機械及人員在操作過程中，將壓實之土壤給予適度翻鬆，

不但可促進土壤通氣，且可導致局部根系損傷，刺激根部新根的生長。其次應適度施用高纖維質之有機資材，以保持土壤的鬆軟，提高其通氣性、排水、保水及保肥的能力。但是，近年來由於農村勞力缺乏、工資昂貴，一般農民施肥常採用表面撒施，極易誘導根系向土壤表層生長，且在乾旱環境下植株抗旱能力不足，易引起根系的傷害，植株生長受阻，降低施肥效果，甚至植株提早衰敗。為改善此種缺失，肥料必須施入較深土層，以促使根系向下生長。提高肥料利用效率，有利茶樹生長、提升產量品質。深耕雖會傷害局部根部，但有機質肥料帶來之保水、保肥之提升及有較佳之物理、化學及生物性質等，將促使茶樹生長多量之新生根，促進茶樹生長。

2. 注重氮素營養管理

施用氮肥是增進茶菁產量之重要手段，但過量的施用，不但可能對根系造成傷害，也可能因過度吸收氮素，超過其正常同化作用之限度，造成產量不但不增，反而下降，既不經濟且可能影響到環境與作物品質。要促使茶樹有較佳的氮營養，增施氮肥並不是唯一的手段，運用栽培管理的手段也是可以得到良好的效果。譬如適合的灌溉系統（含噴灌系統）使土壤中有適宜的水分含量，增進土壤有機質礦化釋出的氮量，增加土壤中氮的強度，同時因土壤有效水分的增加，也因此增加土壤氮供給之容量，一併提升了根的活性及增加養分的吸收效率。前人研究也指出適當水分管理，可增加茶菁產量及茶葉品質。其次，為提升茶菁的產量，配合芽葉生長的階段，運用噴灌系統，進行葉面噴施含氮較高之有機液肥，可以適時提供芽葉生長所需的氮，也可減少施入土中之氮肥數量（圖七）。或者於夏季間作綠肥作物如田菁或冬季間作冬季綠肥如魯冰等，且可於適當生長期時割取當作土表的敷蓋物，不但可提升土壤有效水分含量，植體緩慢分解後也會釋出養分，而綠肥根系腐爛後形成之根孔也有助於土壤通氣，以上均有利根系活性的維持及養分的吸收。

3. 有機質肥料施用技術

施行茶園有機農耕法，對有機質肥料要有相當之了解，包括有機質肥料的種類、要素量及施用量之估算、施用方法，以及自製有機質肥料之技術等。

圖七　茶樹運用噴灌系統適當的水分管理，可促進有機質礦化速率，增加土壤中有效養分濃度，且增進根系的活性，配合有機液肥的施用可適時調節茶樹營養，增加產量及品質

購買市售有機質肥料時應選用未受污染、腐熟完全、無臭味、具有品牌者，如為鹼性有機質肥料應避免長期大量施用。茶樹為採收葉片的需氮量高之作物，氮養分供應與茶菁產量及品質有密切之相關，故為使有機栽培之茶樹有良好之生長，宜適度補充含氮量高之豆粕類有機質肥料當追肥。茶樹對氮之吸收喜好銨態氮，有機質肥料之施用有利土壤溶液中銨態氮含量之增加，有助於茶樹根系之吸收利用。調查臺灣茶樹主要栽培品種之年氮素需要量約在每公頃 360～480 公斤之間，此一標準可用來作為計算有機質肥料施用量之指標，不過實際施肥量仍應根據土壤性質做調整用量。長年大量使用同一性質的有機肥易造成某些營養元素的累積，宜經常更換不同性質的有機肥，並以高氮的豆粕類補充茶樹氮素的需求，以減少有機肥的施用量。有機質肥料之施用次數應配合茶樹的生育，可分 2～3 次施用，配合春茶發育之冬季剪枝後的冬施有機肥，配合翌年秋冬茶發育之翌年夏茶後施用有機肥。施用方法可採施用後覆土，開溝

施肥後覆土，或撒施後以中耕機攪拌之方式。由於有機質肥料成分及品質之複雜性，無論採用豆粕類有機質肥料或禽畜糞堆肥施用，宜有上述有機質肥料之氮、磷、鉀要素成分之檢驗資料，以作合理化施用之參考。

4. 間作綠肥

如果茶樹行間距離許可，可間作綠肥作物如冬季休閒時期間作魯冰、埃及三葉草、苕子等，夏季間作田菁、青皮豆，不但可增進地力，同時也可供應茶樹氮素，減少有機質肥料之投入。固氮豆科綠肥作物在高氮土壤肥力之茶園中根瘤著生量少，以致固氮效率不佳，故有機栽培茶園種植豆科植物當間作物時，應減少有機質肥料的用量。

5. 定期進行土壤取樣分析

有機栽培茶園應定期土壤取樣，分析其性質及有效養分含量，採樣方法可依茶業改良場編印之《茶園土壤與葉片取樣及調製方法》取樣。土壤取樣分析之目的在於診斷茶園土壤的肥力狀況，作為合理有機肥施用之依據。

6. 灌溉及排水管理

茶樹如天然雨水不足，會影響其生長，降低茶菁產量，乾旱季節需加以留意。造成嚴重茶園旱害的原因有：(1) 高溫乾旱，缺水灌溉；(2) 茶樹根系過淺，多分布於表層土壤，易因高溫乾旱而受損。適宜的灌溉及排水管理，有助於茶樹根活性的維持，促進茶樹生長，增加茶菁產量。

茶園適宜的灌溉策略應注意：多數茶樹種植於坡地，採行管路灌溉方法較適宜，如噴灑灌溉、低壓 PE 穿孔管或滴水灌溉等，其優點有：(1) 效率高、管理方便：管路輸水損失少，任何地點皆可送達，灌溉系統容易控制管理。(2) 能適用於高低不平之地形：以加壓方式或落差方式可送水。(3) 減少水量浪費，易控制水量及均勻配水：管路配水可定量且均勻散布於茶園中。(4) 節省維護費用：地下管路不易受破壞，減少清理渠道或溝渠之麻煩。(5) 便利機械作業，有效利用田區，毋須因留渠道而影響機具進出作業。(6) 可兼噴藥或施肥：如配合施肥器可施液肥。一般坡地茶園較不易有排水不良的情形，地形平坦的茶園則需注意排水溝渠的設置，在多雨的季節能將水分適時排出避免茶樹因浸

水，根系受傷害，影響生育與產量。

四、蔬菜有機栽培之有機質肥料施用技術（王鐘和，2017）

（一）蔬菜營養管理

　　蔬菜作物生育期短，尤其是葉菜類蔬菜生育期更短，夏季每作約為 15～30 天，冬季也僅有 30～45 天左右，因而蔬菜園一年之中栽培的作數遠較其他種類作物多（王銀波，1998；王鐘和，2002c；Lian *et al.*, 1997）。因為複作指數高，一年之中各個期作累積施用之肥料量遠多於其他作物，因此臺灣眾多蔬菜園土壤的分析資料顯示蔬菜園土壤含有較高的 pH 值、有機質含量及豐富的營養鹽（王鐘和等，1994；王鐘和，1998；王鐘和等，2002c；王鐘和，2002a；林毓雯等，2000）。

　　蔬菜作物具高需肥特性，及植體中含有甚高之水分含量，土壤必須常保持較高之營養分及水分含量，因此施用具保水及保肥能力之有機質肥料自然有其特別的意義。有機栽培蔬菜園施用有機質肥料必須考量土壤之性質，大致分為兩種情形：(1) 低肥力、黏重或砂質之蔬菜園，在經濟狀況許可之情形下，應採一次或二次大量施用含纖維質高的難分解型有機質肥料，可使有良好的理化及生物性質，再依據調整後之性質，適宜地配合施用養分含量較高的有機質肥料。(2) 具高營養鹽含量及有機質高之蔬菜園，則宜施肥種植前診斷土壤有效養分含量，來調整肥料用量，農業試驗所近年來研發之蔬菜園現場測定土壤 EC 值推薦施肥技術，獲得極顯著的效果，可顯著改善不當施肥的情形（王鐘和等，2003）；另外，在高營養鹽含量之情形下，施用含氮量高之易分解型有機質肥料如油粕類等，可減少施用量，避免磷鉀等養分過度累積。

（二）蔬菜之營養需求特性及其管理要領

　　有機蔬菜是一種施用有機資材供應養分，生產而得之健康蔬菜，其生長發育受到先天遺傳特性及生長環境中各種因子之影響，因此，在施用有機質肥料

時，必須考量各項影響因子及有機質肥料本身性質之影響。其中氣候環境因子較難改變，但目前已可應用設施作局部改變，而土壤環境，則可藉由人為的操作，來改善不利作物生長的因子。了解蔬菜作物的需肥特性以及蔬菜園土壤之性質，將有助於建立有機蔬菜園合理的養分管理技術。

1. 蔬菜作物的營養需求特性

雖然不同種類蔬菜作物在吸收養分上有顯著的差別，但與其他種類作物相比較，蔬菜作物仍有其一定的共同特性，那就是：(1) 高需肥性：蔬菜作物在極短之生育期內要吸收大量養分，生成大量之生質量，因此單位時間內單位面積養分之需求量遠高於其他作物（王鐘和與林毓雯，1999；王鐘和，2002a；王鐘和等，2002c）。(2) 喜硝性：蔬菜作物為旱田作物，長期演化之結果，蔬菜作物對氮素之吸收以硝酸態氮為主。(3) 鹽基置換量高：作物根系鹽基置換量為根系活力之指標，鹽基置換量高代表根系養分吸收能力強。(4) 對土壤環境品質之要求度高：蔬菜作物普遍較其他種類作物不耐土壤環境逆境，例如：不耐酸性及不耐土壤高鹽分濃度、不耐旱、不耐土壤空氣不足及不耐浸水等（王鐘和與林毓雯，1999；王鐘和，2002a；王鐘和等，2002c）。

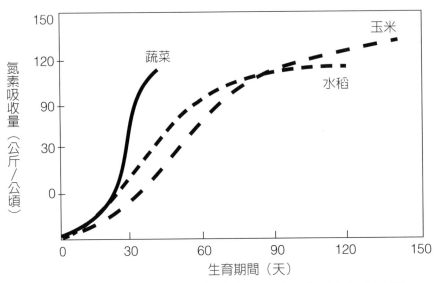

圖八　蔬菜、水稻及玉米生育過程累積氮素吸收量之比較

2. 不同種類蔬菜的需肥特性

了解不同種類蔬菜之生育及養分吸收特性，參酌栽培地之氣候及土壤條件，配合栽培管理措施，適時適量地供給生長所需之養分，可獲較佳的產量及品質。蔬菜在各生育期間養分吸收情形因種類不同而異。大致分為下列幾種：

(1) 葉菜類蔬菜：葉菜類蔬菜之地上部（葉部）或全株均可為販售之產品，生育期短，極短時間內即吸收了大量營養元素，除了初期生長較緩，養分吸收較少，隨後即快速生長及吸收養分至收穫為止，故肥料之供給要充足（尤其是氮素，以促進葉部生長），以滿足植株初期生育及快速吸收生長期之營養所需。

(2) 根菜類及結球菜類：根菜類蔬菜由於生長中後期根部肥大時，原地上部植株所含之營養要素可再轉移至收穫部位，因此應注意生育初、中期三要素肥料的施用及生育中、後期有充分之磷、鉀吸收促進根部肥大，且應避免生育後期過度吸收氮素，葉菜類蔬菜之結球菜類亦是類似情形。

(3) 果菜類（含豆類）蔬菜：果菜類（含豆類）蔬菜由於開花後有一段時間係營養生長與生殖生長同時進行，因此生長中、後期的養分供給亦相當重要，此外應注意與開花結果有密切相關之磷、鉀肥之施用（圖九）。豆類蔬菜如接種根瘤菌時，因有固氮之功能，故氮素肥料量可減少，以發揮固氮的功能。

（三）蔬菜園之有機質肥料施用要領

1. 基肥

基肥通常都採行於種植前施下，葉菜類採全面撒施，再整地栽培。瓜果類或根菜及結球菜類可以按一定距離條施，再以耕耘機或培土機作畦後種植，或於畦中央開溝施下有機肥，覆土後種植於畦的兩邊。另外，為避免有機質肥料發酵不完全，影響種子發芽，有機質肥料施入土中後，如果時間允許，應等到5～15天後再進行種植或移植為宜。

圖九　果菜類蔬菜於開花後，營養生長與生殖生長同時進行，應注意生長中後期
磷、鉀要素之供給

2. 追肥

　　短期性作物多數施用基肥即足夠其全期生長之需要，但一些長期性作物，如胡瓜、菜豆、番茄、南瓜、蘿蔔等，應施追肥，才能得到理想之收穫。追肥的用量與施用次數視作物種類和生長時期而不同，一般採取撒施方法施在地面，距離蔬菜基部約 10 公分左右。如果使用油粕液肥採行部分噴施及部分直接灌施入土壤中則可獲得較快效果。

　　液態有機肥可自行泡製，材料選用高氮之豆粕類，加水泡軟後裝於塑膠桶中，再添加其他材料，例如奶粉、黑糖、米糠、魚精、海藻、有益微生物及適量之清水等，經通氣攪拌數天後，即可使用。液肥使用前應先加水稀釋，稀釋倍數應視液肥養分濃度而定，一般氮素濃度不宜超過 200 ppm，若原液無機氮濃度為 10,000 ppm，則約需稀釋 50 倍以上，才不會引起肥傷，以電導度計之測定值以不超過 0.8 mS/cm 為宜，一般用量，每分地約灌施 300～600 公升左右，施用次數視作物生長之期間長短與生育狀況而定。

（四）有機蔬菜園土壤的特性

　　一般而言，蔬菜作物在強酸性土壤環境（pH 小於 5.5）生育不良，因此適當施用石灰資材提升土壤酸鹼值至 5.5 以上，有其必要性，但並不需特別提升

高於 6.0，以避免因長期有機栽培過程中土壤酸鹼值持續上升，引起負效應。

　　蔬菜作物生育期短，尤其是葉菜類蔬菜生育期更短，夏季每作約為 15～30 天，冬季也僅 30～45 天左右，因而蔬菜園一年之中栽培的作數遠較其他種類作物多。因為複作指數高，一年之中各期作累積施用的有機及化學肥料量遠多於其他作物，因此臺灣眾多蔬菜園土壤的分析資料顯示，土壤除了有豐富的養分含量外，有機質含量也較高，物理性狀較好及保水保肥能力佳等特性。由於有機蔬菜園一年之中施用的有機質肥料甚多，致使有機蔬菜園土壤顯著不同於其他農田土壤，變成一種高肥力之農田，有較高之有機質含量，及高量豐富的各種營養鹽類（圖十）。

圖十　傳統蔬菜園因過量施肥常導致營養鹽過度累積，影響種子發芽及植株生長，有機栽培蔬菜園也會有相似情形

（五）長期施用有機質肥料應注意事項

有機蔬菜園大部分養分靠有機質肥料提供，長時間大量地投入有機質肥料於農場土壤中，是不可避免的。因此，合理而適切的施用有機質肥料，為有機蔬菜經營成敗之重要因素。必須注意下列事項：(1) 考量有機質肥料種類及特性；(2) 注意有機質肥料品質；(3) 注意土壤肥力的變化。此外，長期施用有機質肥料亦有造成土壤 pH 值顯著提升之現象，王鐘和等人（2003）之有機蔬菜試驗區三作蔬菜連續施用雞糞堆肥後，表土 pH 值達 7.6 顯著高於化肥區之 6.2。鑑於部分營養元素在鹼性之土壤環境中有效性降低，及鹼性環境易使銨態氮肥以氨氣之型態揮散，不但浪費肥料資源，且對蔬菜植株造成傷害，長期施用有機質肥料時，土壤 pH 值之變動趨勢，亦須加以注意。

部分國產有機質肥料有重金屬含量偏高之問題，雖然禽畜糞堆肥施用於農田對土壤肥力有所助益，但長期施用時，其所含重金屬仍須加以注意，因重金屬在土壤中不易回收，而有機蔬菜栽培有機質肥料之施用量甚大，是否會造成農田土壤有受重金屬污染之顧慮，需多加注意。

（六）栽培箱栽培有機蔬菜之肥培管理

栽植箱的栽培，就是使用簡便的容器，填裝栽培介質（可能為土壤、介質或兩者之混合物）來種植蔬菜，栽植可利用庭院或陽臺自行動手栽種蔬菜，供家庭享用，並且可增加個人活動筋骨之機會及家庭親子的樂趣。使用容器的種類及大小形狀相當多，有塑膠箱、木箱、保麗龍箱等皆可使用，形狀有長形、方形、圓形等，容器高度以 12～15 公分為宜。容器高度、大小形狀及填裝容量皆不相同，容器高度依不同蔬菜種類及生長採收期間有差異。如果種植時填裝栽培介質太少時，不足以支持蔬菜生長所需，容易發生倒伏現象，相反地，填裝太多時，則造成浪費，並且搬運困難，因此在利用容器種植短期葉菜類時，要以一個人操作搬運容易，深度 12～15 公分及有排水孔隙的容器為佳。蔬菜依種類不同，對酸鹼性之抵抗性亦有強弱之分，而一般蔬菜栽培介質之酸鹼值以 5.5～6.8 為宜。且應選擇通氣排水好之栽培介質，養分含量適中，避免

影響種子發芽，及植株的生長。

（七）定期土壤健康檢查

有機蔬菜是講求高品質的農產品，要想達到此目標，完善的養分管理更形重要，鑒於目前市售的各種有機質肥料的品質與成分並不穩定，此項工作更加困難。有機蔬菜園土壤的定期健康檢查——「定期的土壤診斷」是重要的關鍵，藉以診斷該土壤的肥力狀況與品質，作為調節施肥之參考依據。尤其有機栽培因長期連續施用大量有機質肥料，此項土壤診斷工作，愈加重要。所謂知己知彼百戰百勝，定期診斷有機蔬菜園土壤之品質與肥力狀況，不僅有助於控制養分供需之平衡，也是保障有機蔬菜品質及有機蔬菜園土壤環境品質之重要手段，更是有機蔬菜栽培養分管理成敗之關鍵所在。

五、果樹有機栽培之有機質肥料施用技術（王鐘和，2017）

果樹屬多年生植物，每年因生長枝葉及開花結果，從土壤中吸收大量之營養元素，一般氮磷素分配在葉片之比率較高，鉀素在果實中占有較高之比率。其對土壤有效養分濃度需求之程度不及於蔬菜作物但高於水稻，臺灣一些果園土壤分析資料顯示果園土壤有效磷、鉀、鈣、鎂含量高於一般之水田，但低於蔬菜園土壤（王鐘和等，2000）。

果園施用有機質肥料必須施入較深土層以促使根系向下生長，可提高施肥效率、有利果樹生長。仍應避免過量施肥，否則土壤如果蓄積過量有機質及營養鹽，會使營養元素供應過多，尤其是氮素過量時，會造成抽梢太多，嚴重影響開花及結果，不利果實的產量及品質。一般而言，個別果園應依本身的條件或土壤與葉片分析結果來調整施肥種類與用量（王鐘和等，2000；黃山內，1989）。

（一）果樹之營養需求特性及其管理要領

一般而言，傳統栽培（化學栽培法）之個別果園的施肥量因樹種、樹齡、

有機農業

結果量、土壤肥力與樹體營養現況而異，個別果園應依本身的條件或土壤與葉片分析結果來調整施肥種類與用量（王鐘和等，2000）。

　　果樹之施肥時期及比率，需考量不同生育階段其樹體之生理需求，以柑橘為例，柑橘的施肥時期主要在採果後（基肥）、春梢萌發前後（春肥）、果實肥大期（夏肥），以椪柑為例即 11～12 月、2～3 月及 6～7 月，桶柑和柳橙則為 12～1 月、3～4 月及 7～8 月。枝葉生長需較多氮素，故宜將全年中 80% 的氮肥分配在基肥和春肥使用，以促進春梢生長，夏肥施氮量宜少以防萌發大量夏秋梢而影響果實品質。幼嫩組織的分化與發育需要磷素，惟冬季與早春低溫之際，根系較不活躍，不利於土壤中磷的吸收，需要磷肥來補充，但磷肥移動性差，撒施於土表，肥效不彰，故磷肥宜在基肥時全量，或基肥和春肥時各半量以條施或穴施深施於根旁。鉀肥促進果實肥大，故施夏肥時鉀肥分配率較高（表六）（張淑賢，1993；黃維廷等，2002）。

表六　柑橘之施肥時期及分配率

施肥時期＼品種	椪柑	桶柑、柳橙	肥料別及分配率（%）		
			氮肥	磷肥	鉀肥
基肥（果實採收後）	11～12 月	12～1 月	40	50 或 100	30
春肥（春梢萌發前後）	2～3 月	3～4 月	40	50 或 0	30
夏肥（果實肥大期）	6～7 月	7～8 月	20	0	40

（二）有機栽培果園有機質肥料施用技術

　　有機肥料施入土壤中，經微生物礦化（Mineralization）分解釋出作物所需養分後，最後產生不易分解之黑色穩定的腐殖質，為土壤有機質之主要構成。具比重小、表面積大、陽離子交換能力高等特性，可促進土壤團粒構造生

成，改善土壤排水、通氣性，增加土壤保水保肥能力及對酸鹼值與鹽分之緩衝能力。

1. 有機質肥料施用方法

肥料深施雖會局部傷害根部，但有機質肥料帶來之保水保肥及較佳之物理、化學及生物性質等，將促使生長多量之新生根，促進果樹生長。根是植物賴以固著於土壤及執行養分吸收功能之部位，其生長及活性對作物之生長有密切之相關，任何土壤環境的變動，勢必影響根系之活性及發展，進而影響作物水分養分之吸收及生長。密實的土壤不利於作物根系之發展。良好的土壤環境與適當養分供給可以促進根部細胞分裂激素（Cytokinin）的含量。Dyer 和 Brown（1983）指出新生根對吸收氮磷鉀具較高之效率，對種子之分化生長及延緩葉片老化均有顯著助益。

2. 有機質肥料種類及施用時期

要提高有機水果的產量與品質，則要評估施用有機質肥料之要素釋放型態，避免氮素過度供應，造成抽梢太多，不利果實之生產。一般而言，休眠後萌芽至開花前需消耗養分相當多，如休眠期或休眠前基肥與樹體儲存養分不夠，養分供應不足時就會使花期延後並降低著果率，因此萌芽開花前宜提早 3 週以上實施追肥，追肥可以選擇含氮量高碳氮比低之速效性粕類有機肥，再依土壤肥力狀態配合其他含磷鉀之資材一併施用。至於花後果實發育期之幼果與中果期，則可於各生育期前 2 週施用有機液肥。

為促進果樹根系生長及滿足生長營養所需，其施用之有機質肥料種類則以能顯著改善土壤物理性含高纖維質之有機質肥料為宜，再配合使用含氮、磷、鉀要素量較高之易分解性有機資材如豆粕及禽畜糞堆肥等，視植株生育情形進行營養調控，並且能採穴施、溝施等方式，使有機質肥料在有土壤敷蓋的情形下，養分釋放之效率較高。

3. 適當的灌溉設施

適當的灌溉設施，可調節乾旱季節因水分逆境造成對果樹生產的負面影響，另外也可促進土壤有機質及所施用有機質肥料的礦化分解，所以如能注意

果園之供水設施，適時的灌溉，將可發揮有機肥之肥效，有利於果實之生長及品質之提升。

4. 適當施用有機液肥

　　液體肥料具有較機動及快速供給的功能，可視植株營養狀態，適時供應有機液肥，調節植株營養，促進果實生產（圖十一）。

圖十一　　有機液肥具有適時調節果樹生長之功效

（三）長期施用有機質肥料注意事項

　　有機質肥料之三要素比例不一定適合作物要素需求或特定之土壤肥力狀況，不當過量長期之施用有可能造成土壤中養分不均衡而影響果實收量與品質。長期過量的施用有機質肥料除了可能造成土壤中累積多量的有機質、礦化氮素量超過作物生長所需的氮素需要量，造成作物產量減少、品質下降及環境污染（圖十二）。此外，一直以氮素含量作為估算施肥量的基準常會發生養分不均衡問題，因為部分堆肥磷含量顯著多於氮素，因此以氮素含量為基準之施肥，必然造成磷肥過量，長期施用所造成的養分不均衡將更加嚴重。

圖十二　有機栽培水蜜桃園即使已經土壤診斷停止施肥 1 年，仍有氮素礦化過多，導致抽稍太茂盛，果實產生缺鈣的情形，影響產量及品質

　　此外，長期施用有機質肥料亦有造成土壤 pH 值顯著提升之現象。鑒於部分營養元素在鹼性之土壤環境中有效性降低，及鹼性環境易使銨態氮肥以氨氣之型態揮散，不但浪費肥料資源，且對植株造成傷害，長期施用有機質肥料時，土壤 pH 值之變動趨勢，亦須加以注意。部分有機質肥料有重金屬含量偏高之問題，雖然有機質肥料施用於農田對土壤肥力有所助益，但長期施用時，其所含重金屬仍須加以注意。

（四）綠肥作物之利用

　　綠肥作物是綠色植物整體或植體之部分於幼嫩期或成熟期供翻犁掩埋入土壤中或為田面敷蓋，當作肥料及改善土壤理化性質之作物。綠肥作物生長期間能吸收固定土壤礦化之營養元素，豆科綠肥更可固氮，減少養分之淋流及土壤之流失，並可抑制園區雜草之生長，果園可栽植綠肥作物形成園區覆蓋，並可將其植株作為田面敷蓋，有助於保水及保肥能力的提升；另其分解釋出營養元素之速度雖然較掩埋慢，仍應減少肥料用量，以充分利用綠肥釋放之養分。

（五）果樹營養診斷與土壤診斷服務

　　目前臺灣已完成部分作物的土壤速測之應用，提供水稻、玉米、甘蔗、花生、大豆等作物之磷、鉀需肥診斷試驗，推薦合理的施肥量。並於各試驗改良場所成立土壤速測站，服務農民，近年亦已建立完成對果樹及茶樹等高經濟作物之土壤與葉片營養診斷技術與應用服務。農業試驗所與各區農業改良場聯合成立土壤及作物營養診斷服務網，由各區農業改良場負責指導農民採送樣品及現場的施肥指導及複勘工作，農試所土壤與植體分析服務中心則負責各項分析工作，並已發展出之一套營養診斷與施肥推薦的電腦軟體，進行診斷施肥推薦之服務工作（圖十三），針對臺灣主要經濟果樹：柑橘、葡萄、梨、桃、枇杷、楊桃、芒果、蓮霧、番荔枝及荔枝等十餘種，搜集國內外之相關資料建立各種果樹葉片營養診斷技術。各種果樹葉片樣品之採樣時期及部位之資料如表七，指導農民施行正確的採樣技術。並建立各種果樹之各種營養元素適宜濃度之暫行標準值（表八及表九）（王鐘和等，2000），供以診斷各葉片要素濃度之豐缺程度，並據以診斷及推薦合理的施肥。

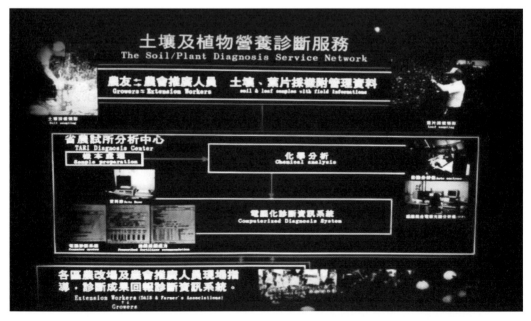

圖十三　果園土壤及葉片營養診斷，可有效掌握果園土壤肥力及樹體營養狀態，適時適量施用肥料

表七　葉片營養診斷各種果樹葉片樣品之採樣時期及部位

作物種類	採樣時期	採樣部位
柑橘類	8 月下旬～9 月上旬	當年生春梢非結果枝且為停止梢枝條的第三或第四葉，每樹東西南北向各取一葉，每園 50～100 片。
葡萄	夏果 3～4 月（萌芽後 30～40 天，約 50% 以上開花） 冬果 8～9 月（萌芽後 22～28 天，約 50% 以上開花）	選結果枝條葉片數 10～14 片者，採留果穗後第二葉，每園 50 片。 同夏果。
梨	平地 3～4 月間 山地 4～5 月間 （東勢、卓蘭高接梨 5 月中旬～下旬；梨山溫帶梨 6 月中旬～下旬）	短果枝新成熟葉，每果園 100 片。
桃	1～2 月（選果實於 3～4 月間可採收者）	當季生長之枝條基部成熟葉（頂下第三葉），每果園 100 片。
枇杷	1～2 月間果實生育中期	當年生結果枝成熟葉，由結果處往下約第 5～8 葉。
楊桃	7 月間	當年生非結果枝成熟葉。
芒果	2 月上旬～3 月上旬（盛花期），如有兩次開花期於第一次採樣	最近成熟之頂梢中段葉片（須為不開花且尚未萌發新梢者）。
蓮霧	8～9 月上旬及吊鐘期（幼果期）	採枝條（吊鐘期採結果枝）第二或第三葉剛成熟之葉片。
番荔枝	二期果 5～6 月中旬 一期果 12 月上旬～中旬	非結果枝第四～五葉。
荔枝	2～4 月（開花期）	採樣部位為花穗下段剛成熟葉片全樹東西南北四方位均採，每果園逢機選採 10～20 株，計約 80～120 片葉子合成一樣本。

表八　各種果樹葉片氮、磷、鉀、鈣、鎂要素適宜濃度範圍暫訂標準

種類	品種	要素				
		氮	磷	鉀	鈣	鎂
		------------------------% -----------------------				
柑橘	椪、桶柑	3.0～3.2	0.12～0.18	1.4～1.7	2.5～4.5	0.26～0.50
	柳橙	2.9～3.1				
	文旦	2.2～2.5				
葡萄	夏果	2.1～2.6	0.16～0.22	0.7～1.2	1.0～2.0	0.26～0.50
	冬果	2.4～2.8			0.9～1.6	2.0～2.7
梨、桃		2.0～2.6	0.12～0.20	1.2～2.0	1.3～2.0	0.27～0.50
枇杷		1.4～1.6	0.12～0.20	1.0～1.8	0.8～1.5	0.18～0.30
楊桃		1.7～2.6	0.10～0.18	1.2～1.9	1.5～2.0	0.60～1.00
芒果		1.4～1.7	0.10～0.15	0.9～1.2	1.0～1.8	0.20～0.35
蓮霧		1.3～1.5	0.10～0.12	1.2～1.5	1.6～2.0	0.16～0.20
番荔枝	一期	2.4～3.2	0.10～0.14	0.5～1.0	0.7～1.0	0.35～0.55
	二期	3.0～4.0	0.18～0.22	1.4～2.0	0.2～0.7	0.34～0.86
荔枝	黑葉荔枝	1.06～1.09	0.12～0.27	0.70～1.00	0.60～1.00	0.30～0.50
	糯米荔枝	1.50～1.75	0.08～0.12	0.55～1.00	0.60～1.00	0.30～0.50

表九　各種果樹葉片微量要素適宜濃度範圍暫訂標準

種類	品種	要素				
		硼	銅	鐵	錳	鋅
		-----------------------ppm-----------------------				
柑橘	椪、桶柑 柳橙 文旦	25～150	5～16	60～120	25～200	25～100
葡萄	夏果 冬果	30～100	5～20	70～100	25～200	20～140
梨、桃 枇杷 楊桃		20～150	10～20	35～200	30～200	20～90
芒果			5～20	60～120	30～200	20～100
蓮霧		30～80		100～150	40～120	30～50
番荔枝	一期 二期		5～25	40～70	200～350	15～25
荔枝		25～60	10～25	50～100	100～250	15～30

六、保健作物有機栽培之有機質肥料施用技術
（王鐘和，2017）

　　保健作物為現今臺灣農業中甚具發展及競爭潛力的作物，其所含保健成分維護人體健康的效果也廣受大眾關注與重視。保健作物的生長及品質，受到品種特性、環境及栽培管理等因素的明顯影響，但由於其種類甚多，且因其收穫標的物之不同，其營養需求及管理要領也不同，例如標的物為枝葉者，氮營養甚為重要，如果收穫的標的物是花、果、根莖、塊莖、鱗莖等則磷鉀之營養管理就很重要（王鐘和，2017）。

（一）選擇良好的栽培地點

　　選擇良好的栽培地點，首先必須選擇氣候環境適宜栽培的地區，例如金線

蓮、何首烏須在溫度較低的中低海拔地區，才能正常生長。另外，並依作物的特性適當調整光照及溼度才能使保健作物生長正常。

其次栽培地之土壤及灌溉水的品質，必須符合有機栽培生產準則中所規範之品質標準，其次應考慮土壤的排水性。臺灣由於雨水豐沛且常集中，土壤如果排水不良，使土壤長時間處於空氣供應不良的情況，產生多量的還原物質，使根系生長的環境惡化，根部生育不良，對產量及品質都將有嚴重影響。排水較差土壤，可以考慮作為水生性保健作物有機生產之用，例如芡實、蓮及澤瀉等，少部分保健作物如魚腥草亦能在潮溼的環境生長，只要水分供應無虞。一般而言，大部分中草藥等保健作物都宜栽培在排水及通氣良好的土壤。

（二）針對收穫標的物的種類給予不同之營養管理

栽培莖葉用保健植物如魚腥草、薄荷、仙草、葉用枸杞、香椿及明日葉等，需要較大量氮素，可以酌量增施以植物性粕類有機資材或動物廢棄物製成之有機質肥料，其含氮量較高，也可減少施用成本（圖十四）。栽培花果類中草藥如枸杞子、紅花、金銀花等，則需較多磷肥及鉀肥，可施用磷礦石粉、華木灰及糖蜜等含磷或鉀量高之資材。

圖十四　莖葉用的保健植物如魚腥草（圖左）、葉用枸杞（圖右）等可施用含氮量較高的有機資材，促進莖葉生長且降低生產成本

　　栽培根莖類之中草藥，如山藥、板藍根、何首烏、柴胡、麥門冬、桔梗及當歸等，需要土層較深厚且生物性及理化性均佳的土壤，除了適當氮磷供應外，要注意鉀素營養的供應。有利於根莖產量與品質的提升，可施用鉀量較高之草木灰、糖蜜或腐植酸鉀等資材（圖十五）。

圖十五　根莖類及果類保健植物如柴胡（圖上左）、何首烏（圖上右）、山藥（圖下左）及枸杞（圖下右）等，要注意鉀素營養的供應，以提升產量及品質

（三）適當的施用有機質肥料

　　有機質肥料確實對改善土壤的生物、物理及化學性質具有正面的效果，有助於作物的生長，但是卻因其成分較不穩定、養分礦化速率受土壤環境影響不易掌控、具緩效性施用不當易累積過量營養鹽，及禽畜糞堆肥之銅鋅含量較高等問題，產生不少負面的影響。這些影響在保健植物有機栽培時，當然也會產生，因此定期注意栽培地土壤的品質及肥力狀況甚為重要，可據以選擇有機質肥料的種類，以及調節其用量。筆者整理前人的報告也發現，供應過量養分對保健植物的產量及保健成分均有負面的影響（圖十六）。

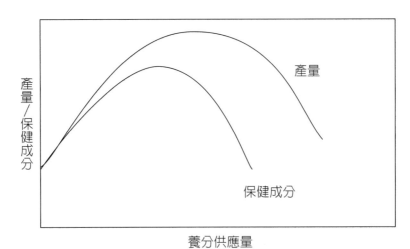

圖十六　養分供應量與保健植物產量及保健成分含量的相關

七、「有機農產品暨有機轉型期農產品驗證基準與其生產加工分裝流通及販賣過程可使用之物質」中之第一章第三部分作物（民國 108 年 6 月 5 日頒布）

網址：https://www.afa.gov.tw/cht/index.php?code=list&ids=353&mod_code=view&a_id=405

第三部分　作物

（一）生產環境條件

　　1.農產品經營者應具有生產地所有權或經營使用權，並符合以下條件之一：

　　　(1) 生產地：應有適當防止外來污染之圍籬或緩衝帶等措施，以避免有機栽培作物受到污染。

　　　(2) 菇菌栽培場：栽培場應採取必要措施，避免周邊區域飄入或流入任何禁用物質。

　　　(3) 天然區域、森林與農業區自然生長之野生植物及其部分，其採集視同有機生產方法，但必須確保採集作業不影響採集區域之天然棲息地之穩定性或物種之保持。

2. 農產品經營者應妥善管理其使用之資材，以維持或改善土壤有機質含量，避免使用致使作物、土壤、水源遭受重金屬、禁用物質污染之任何資材及方法。

3. 生產地應施行良好之土壤管理及水土保持措施，維護水土資源、生態環境與生物多樣性，確保資源之永續利用。

4. 多年生作物宜於區內種植覆蓋作物或在周圍保留適當天敵棲息地等，以避免土壤裸露，增加生物多樣性。

5. 本章所規範之作物主要係透過土壤生態系統栽培，如僅以植物根部伸入礦物營養液，或植物根部伸入添加礦物營養液之珍珠岩、礫石、礦物棉等惰性介質中為其栽培過程之水耕栽培型態者，不得申請有機驗證。

6. 僅以未添加任何物質之純水栽培有機種子而產出芽菜或苗菜，非屬水耕栽培，得申請有機驗證。

（二）短期作物之田區取得有機驗證前，需二年之轉型期；長期作物（如多年生之果樹、茶樹等）及採集，需三年之轉型期。轉型期間應依據本章規定施行有機栽培或採集，驗證機構得視情況延長轉型期。農產品經營者如提出依據本章規定施行有機栽培之佐證資料（包含工作紀錄、資材紀錄、採收紀錄、產品檢驗報告及其他說明文件等）或友善環境耕作之登錄證明，得由驗證機構依事實認定，縮短轉型期。

（三）平行生產：同時進行有機與非有機作物生產時，有機作物、資材及產品等應完全與非有機區隔，並建立適當的辨識與標示系統，其生產紀錄應分開保存，並皆應提供驗證機構查核。

（四）作物、品種及繁殖材料

1. 以生物及遺傳多樣化為原則，優先選擇有機栽培方式選育、環境適應性佳及具有抗病蟲害特性之作物種類或品種。

2. 不得使用基因改造種子、種苗及其他可供繁殖之植物全株或部分植體（以下簡稱繁殖材料）。

3. 應使用依本章規定生產至少一代、多年生作物至少兩年之有機繁殖材料。如無有機繁殖材料時，可使用未以合成化學物質及未以對人體有害之植物性萃取物或礦物性材料處理（以下簡稱未經處理）之繁殖材料。但依本章規定得使用合成化學物質處理者，不在此限。前述情形如無法取得有機繁殖材料及未經處理之繁殖材料者，應提送使用計畫，並經驗證機構審查確認無法取得後，始得使用一般商業性繁殖材料。

4. 芽菜及苗菜之生產，限使用有機種子。

參考文獻

王銀波。1998。台灣農業環境保護。農業與生態平衡研討會專刊。興大土環系編印。P.1-14。

王鐘和、連深、洪崑煌。1994。輪作田夏作田菁及其耕耘方式對秋作玉米生育及子實生產之影響。土壤肥料試驗研討會專輯。P.1-32。

王鐘和。1998。蔬菜作物之施肥策略。永續農業施肥策略研討會專集。臺中，臺灣。P.20-25。

王鐘和、林毓雯。1999。堆肥施用若干問題探討。第二屆畜牧廢棄資源再生利用推廣研究成果研討會論文集。台灣省畜牧獸醫學會編印。P.199-212。

王鐘和、林毓雯、黃維廷、張愛華。2000。第三章—作物營養與土壤診斷技術。永續農業專書第一輯（作物篇）。中華永續農業協會編印。P.104-117。

王鐘和。2002a。有機水稻田的養分管理策略。MOA 有機農法。第 20 期。P.12-18。

王鐘和。2002b。茶樹營養特性與其管理策略—（2）茶樹營養管理策略農業世界。223：34-39。

王鐘和。2002c。生育障礙之改進。設施園藝七星農田水利研究發展基金會編印。臺北，臺灣。P.1-15。

王鐘和、林毓雯、丘麗蓉。2002a。第六章—蔬菜有機栽培之肥培管理技術。作物有機栽培。農委會農業試驗所編印。P.59-69。

王鐘和、林毓雯、黃維廷、江志峰。2002b。水稻合理施肥技術。作物合理化施肥技術研討會專刊中華永續農業協會、農業試驗所編印。臺中，臺灣。P.11-24。

王鐘和、黃維廷、江志峰、譚增偉。2002c。第十六章—有機農場的輪間作制度。作物有機栽培。農委會農業試驗所編印。P.171-184。

王鐘和、艾慶平、丘麗蓉、林毓雯、鍾仁賜。2002d。施用不同有機資材對玉米、水稻輪作物生產之影響。農業土壤生態品質及生產力研討會【水旱田輪作系統及有機質應用對土壤品質及生產力之影響】論文集中興大學土壤環境科學系、中華土壤肥料學會編印。臺中，臺灣。P.181-218。

王鐘和、江志峰。2003。水稻有機栽培土壤肥培管理班講義。台灣省有機農業生

產協會、農試所編印。P.1-7。

王鐘和、林毓雯、丘麗蓉、黃維廷、江志峰。2003。葉菜園之土壤氮肥力診斷推薦施肥技術農政與農情新版第 137 期。P.84-86。

王鐘和。2004。作物需肥診斷技術。台灣農家要覽。豐年社編印。P.519-524。

王鐘和。2017。各類作物有機栽培土壤肥培管理技術。國立屏東科技大學農業推廣委員會印行。農業推廣手冊 51 號。P.1-63。

王鐘和。2022。熱帶有機農耕增加土壤碳匯之策略。熱帶農業永續碳管理研討會。P.233-265。

行政院農業委員會農糧署—農糧法規—農業資材類。2019。有機農產品有機轉型期農產品驗證基準與其生產加工分裝流通及販賣過程可使用之物質—第一章。資料來源：https://www.afa.gov.tw/cht/index.php?code=list&ids=353&mod_code=view&a_id=405

行政院農業委會—農業統計資料。2021。綠色國民所得帳農業固體廢棄物歷年表。

朱惠民。1982。茶樹對三要素適宜需要量之探究。台灣茶葉研究彙報。1：15-29。

作物施肥手冊。1986。農委會及農林廳編印。

李健捀、陳榮五。1998。水稻有機栽培。農作物有機栽培技術專刊。台中區農業改良場編印。P.59-65。

邱垂豐、朱德民。1994。不用氮源對茶樹發育之影響。臺灣茶葉研究會報第 13 號。P.41-55。

吳振鐸。1963。茶葉。農家要覽第七輯第三篇。

林家茱、李子純、張愛華、陳卿英。1973。長期連用同樣肥料對於土壤理化性質與稻谷收量之影響。農業研究。22(4)：241-262。

林智、吳洵、俞永明。1990。土壤 pH 值對茶樹生長及礦質元素吸收的影響。茶葉科學。10(02)：27-32。DOI: 10.13305/j.cnki.jts.1990.02.004。

林木連。1993。茶園土壤肥培管理。農業推廣教育教材。農委會及省農林廳編印。南投，臺灣。P.1-23。

林木連。2000。有機質肥料在茶樹栽培上之施用技術。中華永續農業協會、農業試驗所出版。P.147-162。

林毓雯、王鐘和、林木連。2000。不同有機質肥料對不同種類作物之效應研究。土壤肥料試驗彙報。行政院農業委員會農業試驗所所編印。P.57-60。

施宗禮、謝元德。1994。有機質肥料施用對稻米品質及產量之影響。八十二年度土壤肥料試驗報告。農林廳編印。南投。P.72-80。

連深。1998。合理化施肥手冊（1）量身減肥—我們的水田需要減肥了（水稻合理化施肥技術）。P.8-13。

張淑賢。1993。柑橘的三要素施肥推薦量、施肥時期及施肥方法。降低柑橘產銷成本推廣手冊。臺灣省農業試驗所及嘉義農業試驗分所編印。P.1-4。

張鳳屏。1993。茶園土壤特性對新品種茶樹產量與品質之影響。台灣茶葉研究彙報。第 12 期。P.93-102。

張鳳屏。1995。茶樹營養與施肥。茶業技術推廣手冊—茶作篇。台灣省茶葉改良場編印。桃園，臺灣。P.125-140。

張淑賢、洪崑煌。1979。氮供應形態、強度、及容量因子對水稻生育的影響。中國農業化學會誌。P.24-35。

黃山內。1989。營養診斷之組織及其改進。果園作物營養診斷應用研習會專輯。農業試驗所編印。臺中，臺灣。P.81-85。

黃維廷、王鐘和、江志峰、吳婉麗、張愛華。2002。果園合理化施肥。作物合理化施肥技術研討會。P.65-85。

謝慶芳、黃山內。1976。水稻氮素肥料效率改進試驗。土壤肥料試驗報告台灣省政府農林廳編印南投，臺灣。P.22-26。

諶克終。1986。果樹之營養診斷與施肥。徐氏基金會出版。

松田敬一郎、小西茂毅、小林功子、荒井昭二、馬場誠、村松紀久夫。1979。茶樹の生育および養分吸收におよぼすアルミニウムの影響。土肥誌。50：317-322。

高橋英一。1974。比較植物營養學。養賢堂，東京，日本。

Barcelo, J., and C. Poschenrieder. 2002. Fast root growth responses, root exudates, and internal detoxification as clues to the mechanisms of aluminium toxicity and resistance: a review. *Environmental and Experimental Botany*, 48(1): 75-92.

Chenery, E. 1955. A preliminary study of aluminium and the tea bush. *Plant Soil*. 6: 174-200.

Dyer, D., and D. A. Brown. 1993. Relationship of fluorescent intensity ti ion uptake and elongation rates of soybean roots. *Plant Soil*, 72: 127-134.

Lian, S., C. H. Wang, and Y. C. Lee. 1997. Analysis of fertilizer response and efficiency in vegetable production in the hsilo area, Taiwan. FFTC Book Series. 443: 1-12.

Obatolu, C. R. 1985. Preliminary results on the comparative effect of two nitrogen sources on the growth of young tea cuttings. *The Café, Cacao*, 21(2): 107-112.

Owuor, P. O. 1985. High rates of fertilization and tea yields. *Tea*, 6(2): 6.

Owuor, P. O., and D. K. Cheruiyot. 1989. Effects of nitrogen fertilizers on the aluminium contents of mature tea leaf and extractable aluminium in the soil. *Plant Soil*. 119: 342-345.

Park, K. H., and S. J. Kim. 1988. Effect of long-term organic matter application on physico-chemical properties in rice paddy soil -2. The effect of some physical properties of paddy field by the long-term application of rice straw and compost. *Korean Journal of Soil Science and Fertilizer*, 21(4): 373-379.

Su, N. R. 1975. Fertilizers applications to rice in Taiwan, ASPAC FFTC Extension Bull. No.60.

Suzuki, M., K. Kamekawa, S. Sekiya, and H. Shiga. 1990. Effect of continuous application of organic or inorganic fertilizer for sixty years on soil fertility and rice yield in paddy field. Transactions of 14th International Congress of Soil Science. Vol. II:14-19.

Tang, D., M. Liu, Q. Zhang, L. Ma, S. Yuanzhi, and J. Y. Ruan. 2019. Preferential assimilation of NH4+ over NO3- in tea plant associated with genes involved in nitrogen transportation, utilization and catechins biosynthesis. *Plant Science*, 291: 110369.

Wright, R. 1989. Soil aluminum toxicity and plant growth. Chemistry Communications in Soil Science and Plant Analysis.

CHAPTER 12

微生物肥料與微生物農藥的應用

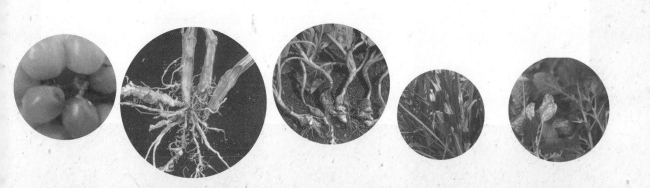

一、前言

　　天然土壤中存在著無數的生物，種類甚複雜，包含肉眼可見的生物如蚯蚓或昆蟲類等，以及肉眼看不見的微小動物及原生植物。這些生物之繁殖與活動對土壤性質產生極大的影響。科技不發達的時代，人類對肉眼看不見的生物所知甚少。但隨著科技文明的精進，我們了解生活的環境中充斥著各式各樣的微生物，它們與高等動植物的健康及生長有著密切的關係。

　　農用生物製劑包含微生物農藥以及微生物肥料，乃是指以生物性天然資材所產製，用於取代傳統化學農藥及肥料的製劑。事實上，農業上最早使用的農藥及肥料資材多為生物製劑，在二次世界大戰後，化學農藥才成為全球植物保護製劑的主流，然而農藥和化學肥料被大量使用，雖然促成產量提升的綠色革命，卻同時也帶來許多生態上的衝擊與危及食品安全，因此引發環保與食安意識的抬頭，並逐漸帶動農用生物製劑產業的發展。

　　自從有機農業的經營理念廣受世人重視之後，各種可利用之天然資材因應而生，由於此生產系統中不能使用化學合成物質，為了維護作物有良好的生長及避免病蟲的危害，天然的土壤添加物及植物保護劑等成為熱門的話題，其中又以微生物製劑備受關切與注意。微生物製劑主要可分為「微生物肥料」及「微生物農藥」兩種，其包含：扮演肥料功效的「微生物肥料」、可加強抗旱的微生物、與病原菌抗衡作用之拮抗微生物等；具生物防治功能的「微生物農藥」，大量被推薦應用於有機農業栽培上。因此，眾多人紛紛投入此研究領域，開發各種微生物製劑之產品（唐立正等，2009；吳珊如，2018；Hole *et al.*, 2005）。目前市面上的「微生物製劑」產品種類繁多，品牌複雜，可說是百家爭鳴，各種產品都強調對作物生長具有特殊及顯著的功效，但果真是如此嗎？實須加以留意及探討。雖然產品多元化是現代商品之趨勢，且可因作物及土壤狀況來選購，但合理的價格、建立其品質評估規範及施用技術，才能確保農友的權益。

　　全球生物農藥在 2019 年之產值為 38 億美元，約占該年全球農藥產值 676

億美元之 5.62%，而 2021 年生物農藥產值達 48 億美元，約占農藥總產值 782 億美元之 6.14%。生物農藥的年成長率 12.39%，遠高於農藥成長率之 7.55%（表一）。

表一　全球生物農藥市場規模

單位：億美元

	2019	2021	成長率 *
農藥	676	782	7.55%
生物農藥	38	48	12.39%
生物農藥占比	5.62%	6.14%	-

* 年均複合成長率（Compound Annual Growth Rate, CAGR）
資料來源：日商環球訊息有限公司（網址：https://www.gii.tw）。

這幾年政府大力推動有機農業及友善環境耕作，帶動國內生物肥料及生物農藥市場的發展。放眼國際，專家預估 2018 年全球生物農藥產值上看 40 億美元，以既有成長趨勢來看，生物農藥的產值可能在 2053 年和化學農藥達到黃金交叉（圖一）（農傳媒，2018；Lux Research, Inc., 2018）。

二、微生物肥料的定義

「微生物肥料」亦有簡稱「生物肥料」，由於「肥料」的定義包括廣義及狹義兩種，廣義的定義為：「凡一切物料，不論施於土壤或植物之葉部，若能供作營養分或改良土壤之理化、生物性質，藉以增加作物之產量或改進產品之品質者」（盛澄淵，1974）。因此，凡能增進作物之產量與品質之物質，均可稱為廣義的肥料，而狹義的肥料則為僅能「直接供給作物養分之物料」。微生物肥料即符合肥料廣義的定義，係指「在土壤中利用活體生物之作用，以提供作物營養分來源、增進土壤營養狀況或改良土壤之理化、生物性質，藉以增加作物產量及品質者」（楊秋忠與沈佛亭，2011）。

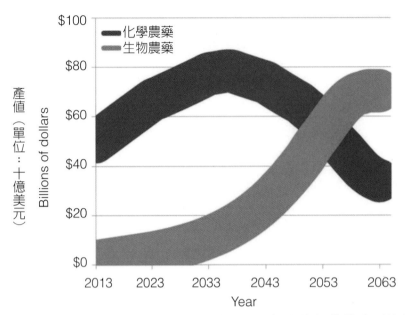

圖一　業界預估生物農藥的產值有可能在 2053 年和化學農藥達到黃金交叉

（圖片來源：亞洲生產力組織 APO）

三、微生物肥料的功效

　　微生物肥料的直接功效可分為下列三種：(1) 增加養分之供應：如空氣中占 80% 之氣態氮素（N_2）不能被植物直接吸收利用，但經過固氮菌的作用，將氮氣轉化成氨則能被作物吸收利用，如豆科根瘤菌即具有此一固氮功能，可以增加氮肥之來源（楊秋忠，2014）。(2) 增加土壤無機養分之有效性：土壤中所含的各種植物營養要素並非都能供植物吸收利用，如土壤中的無機態磷以結合形式存在愈多，對植物的有效性磷就愈少，亦即是不能被植物吸收，若能藉由某些微生物所分泌的有機酸，分解磷化合物，則可增進磷之有效性。具備此類功能的微生物，包含有：溶磷菌、溶鉀菌及菌根菌等（王均琍，2007，2011）。(3) 分解有機物：大部分有機物都是大分子構成之聚合物，如纖維質、澱粉等多醣類，是由單醣以化學鍵結而成的鏈狀體，必須由微生物分泌的化醣酵素分解成單醣，植物才能利用。其他如蛋白質、脂肪等有機成分，亦能被分

解利用（黃伯恩，2002；黃瑞彰等，2002）。微生物亦可利用有機物分解時所產生之能量進行菌體繁殖，具此項功能的微生物泛稱分解菌。分解菌的種類甚多，作用的範圍甚廣，由大分子的有機質分解成小分子之有機或無機成分，其中包括去除惡臭物的分解作用及解毒作用等（楊秋忠，2006）。

而間接的功效則在於改良土壤的物理、化學及生物性質，由於改善了根系生長的環境，可促進根的活性及吸收養分及水分的效率（楊秋忠，2000）。微生物肥料間接作用的種類可分為下列四種：(1) 改良土壤的物理性：由於微生物的生長繁殖所分泌的黏液，可促進土壤形成團粒構造，增進透氣，以及形成較疏鬆的土壤，增加根系的活性。(2) 解毒作用：土壤中有機物厭氣性發酵產生之有害氣體，如硫化氫、氨氣等會造成根部的毒害，土壤微生物族群中，如光合成菌，可利用硫化氫、二氧化碳、日光及水等轉化為單醣類或硫酸根與氨，又再化合為硫酸銨成為植物可利用的肥料，不但可解除對植物的毒害，且可增加肥料要素的來源。亞硝化菌則可將氨氣轉化為亞硝酸，再由硝化菌氧化為硝酸態氮，供植物吸收利用。(3) 聚合有機物形成土壤腐植質：土壤中有許多小分子之有機物（如酚類、胺基類、醣類等），會被此類微生物聚合成大分子的有機物（如腐植酸、黃酸、黑色素等），這些聚合有機物對土壤的理化性質貢獻甚大，如增進土壤團粒作用。經繁殖後的微生物殘體，本身即是具高營養價值之有機體如蛋白質、脂肪、胺基酸及核酸等，都含有可供給植物利用之營養成分。(4) 病原菌之拮抗作用：微生物的一些分泌物質對其他生物之生存具有抑制作用，此種拮抗微生物可造成土壤或植體中的病原菌減少或甚至滅絕，且有益作物之生長（黃瑞彰等，2002）。

四、應用微生物肥料的要領

微生物肥料的應用需認知微生物的種類與功能為何，及對何種作物生產具有效應。由於微生物的種類繁多，有的僅是單一功能，有些則為多功能之菌種，例如某一固氮菌可能具有固氮、溶磷及促進根系生長等多項功能。然而在

不同氣候及土壤環境，以及栽培方式與作物品種與病蟲害防治方法的條件下，特定微生物肥料的功效可能也不盡相同，乃因菌株間之適應性的差異所致。由於菌種是活的微生物，其功效受環境條件的影響而有不同的表現。因此，篩選適應性強及親合性佳的優良微生物品系，是施用微生物肥料是否有功效之關鍵。此外，要發揮微生物肥料應用的功效，如同其他肥料一樣，首先需改善該農田土壤的限制因子，例如太密實、太黏、太砂、有機質含量太低、土壤水分含量過高或太低，以及土壤酸鹼值為強酸、強鹼、含高鹽分、養分不均衡、缺乏養分等問題，均應加以適當地調整及改良，方可使微生物肥料發揮其功效（王鐘和，2013，2018）。微生物肥料是活菌，接種施用於作物根圈的時期愈早愈好，尤其以幼苗期的接種為最佳，若在接種液中添加少量米糠、腐植酸、糖蜜或有機營養劑，則有助微生物的繁殖及生存。接種劑的品質要求包括維持一定之菌落數，且菌株需具有高活性及雜菌量要少為條件，並能適應本土栽培之環境。

五、微生物農藥的種類與功能

微生物農藥之產品，根據其作用對象可分為生物性殺菌劑、生物性殺蟲劑及生物性除草劑等三類。

（一）生物性殺菌劑

常見的生物性殺菌劑中，包含枯草桿菌、螢光假單胞細菌、放線菌、木黴菌、農桿菌等。其防治病菌的原理係利用微生物的競生作用、抗生作用、超寄生作用及誘導性抗病等方式，雖然病害並不能完全治癒，但其病徵至少部分可被除蔽，而達到防治病害的目的，促使植物生長勢更佳（表二）（羅朝村，2001；Maloy, 1993）。

表二　拮抗微生物防治病害之機制

拮抗微生物種類	菌系	防治機制或過程	標的病原菌	測試作物
抗生作用				
Trichoderma virens	G-20	Gliotoxin	腐霉病菌	棉花
Trichoderma harzianum, T. koningii		Akyl Pyrones	多種病原	多種作物
Trichoderma harzianum	ATCC 36042	Peptaibol	灰黴病菌	葡萄
競爭作用				
Pseudomonas fluorescens	3551	Siderophore	腐霉病菌	馬鈴薯
Pseudomonas putida	WCS 358	Siderophore	蘿蔔黃葉病菌	蘿蔔
Pseudomonas putida	N1R	Volatile Substances	腐霉病菌	豌豆、大豆
Trichoderma harzianum		Nutrients and Space	多種真菌	葡萄
細胞壁分解				
Serratia marcescens		Chitinolytic Enzyme	種真菌	大豆
Trichoderma harzianum	ATCC 36042	Chitinolytic Enzymes and Glucanases	多種真菌	大豆 豌豆
寄生作用				
Coniothyrium minitans		Mycoparasitism	菌核病菌	向日葵
Pythium nunn		Mycoparasitism	腐霉病菌	多種作物
Sporidesmium sclerotivorum		Mycoparasitism	菌核病菌	萵苣
Trichoderma various spp.		Mycoparasitism	多種真菌	多種作物
誘導抗病性				
Pseudomonas fluorescens	WCS 374	Induced Resistance	多種病原菌	蘿蔔
Pseudomonas fluorescens	CHA0	Induced Resistance	菸草壞疽病毒	菸草
Pseudomonas fluorescens	S97	Induced Resistance	菜豆細菌性斑點病菌	菜豆
Pseudomonas putida		Induced Resistance	胡瓜細菌性斑點病菌	胡瓜

資料來源：取自 Dr. Harman and Hayes（1994）美國國會技術評估報告及羅朝村博士論文
　　　　（1996）。

（摘錄自羅朝村，2001）

目前應用拮抗微生物防治的植物病害主要包括有農桿菌（*Agrobacterium radiobacter strain* 84）防治冠癭病，螢光假單胞細菌（*Fluorescent Pseudomonads*）用於種子處理可以誘導作物（如胡瓜、康乃馨等）因鐮孢菌感染引起之地上部萎凋性病害的抵抗性。放線菌（*Streptomyces* spp.）防治菌核病；木黴菌（*Trichoderma* spp.）及膠狀青黴菌（*Gliocladium* spp.）防治多種病原病害，如萎凋病、根腐病及莖腐病等（羅朝村，2004；羅朝村等，2011）。

（二）生物性殺蟲劑

　　自然界中能使昆蟲感病的病原微生物，包括細菌、真菌、病毒、立克次氏體、原生動物及線蟲等。利用蟲生病原或其代謝產物來防治害蟲，稱為生物性殺蟲劑。而生物性殺蟲劑常見的微生物有蘇力菌、蟲生真菌、病毒等，其殺蟲機制包括毒素的產生（如蘇力菌）、侵入寄生（如白殭菌、黑殭菌等）、病毒性（如桿狀病毒）及競爭作用等（唐立正，2014）。

　　應用比較廣泛的有蘇力菌、白殭菌及昆蟲病毒等，在害蟲病原微生物中，以真菌致病最多，而昆蟲的真菌病中，由白殭菌引起的較多，目前國內外成功使用真菌殺蟲製劑，主要有白殭菌、黑殭菌等。臺灣目前已成功利用白殭菌防治甜菜夜蛾，蘇力菌防治在擬尺蠖、小菜蛾、菜心螟、紋白蝶、松毛蟲及茶蠶，均達到不錯的防治效果。昆蟲病毒寄主主要是鱗翅目昆蟲，其次是膜翅目、雙翅目，少數是鞘翅目昆蟲和脈翅目昆蟲，被感染的多為幼蟲，且病毒寄主專一性極強，一種病毒只能感染一種昆蟲，僅有少數病毒能感染一種以上的寄主（高穗生，2007，2010）。病毒製劑可分為三大類，即核多角體病毒（NPV）、顆粒體病毒（GV）和細胞質多角體病毒（CPV），應用較廣的是核多角體病毒，其次是顆粒體病毒。臺灣已利用核多角體病毒防治甜菜夜蛾及利用顆粒體病毒防治小菜蛾。另外，尚有線蟲製劑類亦皆有很好的防治效果（段淑人，2014）。

六、目前經過審查「有機農業可用之資材」

（資料來源：行政院農業委員會農糧署—有機農業—有機農業商品化資材網路公開品牌。網址：https://www.afa.gov.tw/cht/index.php?code=list&ids=556）

（一）「有機農業適用肥料」共 87 種（資料來源：https://www.afa.gov.tw/upload/cht/attachment/7ee61be205cf1e42f9c89369527733fa.pdf）。

（二）「土壤肥力改良資材」共 107 種（資料來源：https://www.afa.gov.tw/cht/index.php?code=list&flag=detail&ids=556&article_id=34072）。

（三）「其他類」共 1 種（資料來源：https://www.afa.gov.tw/cht/index.php?code=list&flag=detail&ids=556&article_id=34071）。

（四）「植物病蟲草害防治資材」共 28 種（資料來源：https://www.afa.gov.tw/cht/index.php?code=list&flag=detail&ids=556&article_id=34068）。

七、土壤環境對微生物活性的影響

　　微生物農藥要能發揮作用，必須有二個前提：第一，微生物製劑中的微生物擁有基本的有效生物量，以及最高活性之生物族群；另外，就是施入土壤後，必須在土壤環境中能存活且具有活性，或者應用在葉部病害之防治時，具抵抗逆境能力，如紫外線等影響。此處所謂具有活性是指 (1) 具有代謝活性並持續生長；(2) 具有代謝活性但無生長；(3) 不具有代謝活性但從土壤中移出時，能迅速生長；(4) 不具有代謝活性，除非特殊處理，否則從土壤中移出時，亦不能生長。

　　土壤環境的各種因子諸如物理、化學及生物性質之溫度、水分、密度、有機物、酸鹼值、氧化還原狀態、鹽類含量等，對土壤微生物的增殖及活性有著十分密切的影響。任何因子的變動，都會造成土壤微生物相的改變。沒有一種微生物可以脫離周圍的環境而存活，這環境因子尚包括其他種類的微生物，微生物是微小的，所以它所處的周邊環境也是如此。微小的環境與大環境有著很

圖二　距離根部 0.1～0.2 公分範圍內之根圈環境中的微生物，與作物根系的活性
　　　及健康有著密切的關係（圖片引用自 Weil and Brady, 2002）

大的差異，大多數植物的根周圍繞著一群微生物，其種類與數目均異於離根部
較遠的區域，此種特殊的區域我們稱之為根圈（Rhizosphere），根圈內的微生
物，他們擔任保護植物根系的重要角色，其包含防止寄生蟲和其他病原菌侵入
植物體等功效（圖一）（Weil and Brady, 2002）。

　　土壤中雖有各式各樣的微生物存在，但在 19 世紀時，土壤微生物學家所
關心的只是細菌，隨著許多科學家努力之成果，從細菌擴展至放線菌及真菌。
此乃因為這三類微生物 (1) 較易處理；(2) 在土壤中的數目較多；(3) 有機物分
解能力，比其他微生物來得大之故（楊秋忠，2014）。

　　不同栽培環境中需考慮生物及環境因子，生物因子包含微生物族群的種
類、密度與組成等。環境因子則以土壤水分含量、空氣量、溫度、有機物、酸
鹼度及無機養分等，占有極重要的地位。此外，栽培管理如耕作方式或輪作亦
是不可忽略的一環（林良平，1978；Weil and Brady, 2002）。

（一）水分的影響

　　水分含量對於微生物活性的影響有兩種：水是原生質的主要成分，必須

要有足夠的水分，不然將其影響營養細胞的發育；若是水分太多，則會限制土壤中氣體的交換，導致氧的供應量降低，造成無氧的環境，致使有毒物質之積累。土壤含水量在飽和水量 50～75% 的範圍內，細菌的活性最大。

（二）溫度的影響

溫度控制一切生物性的活動。每一種微生物皆有其最適的生長溫度，依其適合溫度之不同，可將土壤微生物分為三類。大部分土壤微生物為中溫性或喜溫性，它們的最適生長溫度為 25～35℃，但在 15～45℃ 之間，仍能生長。低溫性菌類在 20℃ 以下生長得好。相反地，高溫性或耐熱性的菌類，在 45～65℃ 的溫度下活性較高，如許多纖維分解菌屬之。

（三）有機物的影響

有機物能提供微生物繁殖所需的能源及營養，因此菌數的多寡直接受到有機物的影響，在有機質豐富的地區，微生物數目必然較多。將綠肥、有機質肥料或作物殘體翻入土中，可引起促進微生物增殖的反應。

（四）酸鹼值的影響

土壤酸度高或鹼性高，均會抑制微生物之活動，因為一般細菌是嗜中性的，唯有真菌抗酸性較強。

（五）無機養分的影響

雖然有機物是菌類最主要的食物來源，但無機養分仍是必需的。無機養分供給微生物及植物必需的礦物質，但如果土壤環境中無機養分的量已遠超過生理上的需要，將會造成不利之影響。如過量氮的供應，常會抑制細菌的生長，其理由並不是氮的緣故，而是銨（NH_4^+）被微生物氧化成硝酸根（NO_3^-），而提高了土壤的酸度之故。

（六）耕耘的影響

犁田會引起微生物相的轉變，亦改變了微生物活性，其改變的程度隨翻動土壤的深度以及被翻入土內之前作物殘體種類而異，其原因為耕耘明顯改變了

土壤的團粒構造、孔隙度、土壤密度及通氣性等性質。

（七）輪作

採行不同種類作物進行輪作，除了因各類作物根部分泌物不同，致使根圈微生物相不同外，每作返回土壤的作物殘體量及種類也不同，土壤養分利用均衡，較不易引發嚴重的病原菌及蟲害滋長。

除了效果較慢，微生物農藥及微生物肥料還有一些限制，例如生產成本較高、易受紫外線破壞、貨架期較短及儲運時，因溫度溼度不當，會影響其施用效果等。Reddy（2017）指出微生物農藥與微生物肥料研發時，必須針對各地氣候、土壤和作物分別來進行田間試驗，因各國環境狀況不同，某國設計出來的產品，不見得能適用於其他國家。根據台灣經濟研究院調查，目前臺灣微生物農藥市場只占整體農藥市場 4%，處於發展初期，最常使用的蘇力菌以進口為主。微生物肥料也是新興產業，目前登記的有 63 種，皆為國產。未來尚需產官學共同合作，促進有機農業發展。

七、結論

土壤微生物在農業生產上具有重要的功能，由於微生物不易用肉眼察覺問題的發生，微生物肥料及微生物農藥施用效果的評估，一般只能用作物的健康及罹病的程度來觀察。另外，不要迷信微生物肥料是「萬能產品」，作物的生產上仍需適當的施用肥料來補充營養元素。因此，合理地施肥搭配微生物肥料來使用，才能使微生物肥料發揮其功效，並能達到降低生產成本之實。施用微生物農藥時，除了要確認其中所含微生物種類、活性及數量外，尚需要適當土壤環境的管理，除適宜作物生長外，尚能使施用之菌劑發揮功能，才能達到理想的施用目的。同時，需建立有關作物病原菌及害蟲與環境的資料，尋求一套綜合性防治病蟲害之方法，使病蟲害保持低於經濟危害水平之下，以達到農業永續栽培的目標。

參考文獻

王均琍。2007。微生物肥料菌根菌應用於經濟果樹之栽培。農業生技產業季刊。P.42-48。

王均琍。2011。菌根菌開發及應用實務。永續農業—微生物肥料開發及應用實務專輯。第 33 期。P.49-55。

王鐘和。2013。有機栽培農田土壤有機質管理策略。土壤肥料研究成果研討會：一代土壤學宗師王世中院士百歲冥誕紀念研討會論文集。中華土壤肥料協會編。P.123-132。

王鐘和。2018。有機農業的土壤肥料管理策略。提升農業生產力與品質之永續作為研討會。中華永續農業協會編印。

吳珊如。2018。微生物肥料的妙用。科學發展。第 545 期。P.26-49。

林良平。1978。土壤微生物學。天然書社出版。

段淑人。2014。以病毒防治農業害蟲。科學發展。第 499 期。P.18-23。

唐立正、陳興賢、段淑人。2009。有益蟲生病原微生物在害蟲防治上之應用。有益微生物及天敵在有機農業上之應用研討會論文集。P.31-54。

唐立正。2014。農業安全思維下的害蟲防治：昆蟲也會生病。科學發展。第 499 期。P.12-17。

高穗生。2007。微生物在害蟲防治上之應用。P.2-6。

高穗生。2010。微生物農藥研發進展與產業潛力。安全農業。第 24 期。P.28-37。

盛澄淵。1974。肥料學，國立編譯館出版。

黃伯恩。2002。微生物肥料之應用推廣。農政與農行。第 115 期。

黃瑞彰、林晉卿、林經偉、卓家榮。2002。微生物在農業生產之應用。台南區農業專訊。第 41 期。P.7-12。

楊秋忠。1995。微生物肥料的應用。花蓮區農業專訊。12：7-8。

楊秋忠。2000。生物肥料之研發及利用。生物技術在永續農業之應用研討會專刊。農業試驗所特刊第 90 號。P.105-117。

楊秋忠。2006。微生物肥料在綠色農業之研究與發展。生物技術與綠色農業研討

會專刊。行政院農業委員會農業試驗所編印。P.11-18。

楊秋忠、沈佛亭。2011。農業生技大事件：微生物肥料已從科研邁向法規化之新興產業。農政與農情。第 230 期。

楊秋忠。2014。微生物肥料在作物生長的作用機制。農業生物資材產業發展研討會專刊。P.59-68。

楊玉婷、陳枻廷。2015。農用生物製劑產業發展與有機農業。農業生技產業季刊第 44 期，P.25-33。

農傳媒。2018。生物農藥後勢看好，產值預估 2053 年與化學農藥黃金交叉。網址：https://www.agriharvest.tw/archives/15867

羅朝村。2001。木黴菌之分類與應用。第五屆海峽兩岸眞菌學術研討會。P.134-139。

羅朝村。2004。微生物製劑應用於作物健康管理。果茶健康管理研討會專集。行政院農委會農業藥物毒物試驗所編印。P.175-187。

羅朝村、石信德、黃鴻章、顏志恆。2011。台灣有機農業技術要覽。財團法人豐年社。P.172-175。

BCC Research. 2014. Global Markets for Biopesticides.

Harman, G. E., and Hayes, C. K. 1994. Biologically Based Technologies for Pest Control: Pathogens that are Pests of Agriculture. A Report to the Office of Technology Assessment, US Congress. P.75.

Hole, D. G., A. J. Perkins, J. D. Wilson, I. H. Alexander, P. V. Grice, and A. D. Evans. 2005. Does organic farming benefit biodiversity? *Biol. Conservat.* 122: 113-130.

Lux Research, Inc. 2018. https://www.luxresearchinc.com/

Maloy, O. C. 1993. *Plant Disease Control: Principles and Practice.* John Wiley & Sons, Inc., New York.

Reddy, M. S. 2017. 2017 5th ASIAN PGPR.

Brady, N.C. and R.R. Weil, 2002. The nature and properties of soils, 13th Ed. Prentice-Hall Inc., New Jersey, USA. 960p.

CHAPTER 13

有機農業的病蟲草害管理

一、前言

　　臺灣地處熱帶與亞熱帶，氣候屬高溫多溼，作物栽培均採集約為主，複作指數高，致使病蟲害傳播與雜草的發生十分猖獗，嚴重影響農產品之產量與品質。隨著化學農藥的問世，農民基於速效之考量，多以化學農藥來防治病蟲害與消除雜草。然而，化學農藥的使用衍生了頗多的負面影響。例如：(1) 常造成農藥中毒與農產品殘餘藥毒，危害農民與消費者的健康；(2) 農藥使用不當產生藥害，危害作物生長；(3) 濫用農藥，病菌及害蟲易產生抗藥性，降低農藥藥效；(4) 部分農藥在自然界中代謝分解十分緩慢，殘留過量易造成水源與土壤污染，破壞自然生態體系（王銀波，2001；林俊義，2001；王鐘和，2021）。

　　為了確保人類的健康、生態的平衡以及農業的永續經營，有機農業倡導不使用化學農藥防治病蟲害。有機農業防治病蟲草等各種有害生物的基本原則，在於如何控制有害生物的數量，以達到不危害經濟收益的目標，不同於慣行農業用各種化學藥劑來消滅有害生物的方式（王鐘和，2009）。如此，既能獲得經濟收益，且維護環境生態與農友的健康及消費者吃的安全。病蟲草等有害生物的管理，首先要了解如何監測農場內有害生物的種類及數量。其次，預防重於防治，所以必須建立預防的策略。建立預防策略時，需考量：現有農場內的自然控制方法為何？是否有效？是否有增強預防效果的可能性？採行的防治措施是否符合經濟原則？（余志儒與陳炳輝，2007；余志儒，2017；黃毓斌，2021）

二、病蟲草害防治策略

（一）病害防治策略

　　要做好有機栽培病害管理須有整體防疫的觀念，病原微生物、感病性寄主和適宜的環境是構成病害的三大因素，三者同時存在病害才會發生及蔓延。

如果有感病性寄主植物，適宜發病的環境條件，但沒有具致病力的病原菌，則病害不會發生。同樣地，雖有病原菌存在，但沒有適合發病的環境及感病性寄主，病害亦不會出現。簡單地說，病害防治的基本對策，就是利用病原菌、寄主植物及環境等三者間交互影響的關係，有效降低病原菌密度、種植抗病性品種或非寄主作物、改變栽培環境等，均可控制作物病害的發生（黃鴻章與黃振文，2005）。

影響病害發生的環境因子包括溫度、相對溼度、通風狀況、光照及土壤（介質）之物理、化學與生物性質等。環境因子除影響病原微生物的生長、繁殖與殘存外，更直接關係著植株的生育狀況，生長勢愈強的植株，對病害的抵抗性也會相對提高。不同的病原微生物均有其不同的最適生長溫度，溫度常伴隨著最適的相對溼度來左右病害的發生及危害程度。當感病的寄主植物、強致病性的病原菌及適於發病環境等三方面均同時存在時，病害才可能嚴重，釀成災情。目前多種非農藥的防治措施中，都是由增強寄主植物抗病性、削弱病原菌的活性，或改變栽培環境等方面著手，達到有效防病措施（Foughtk and Kuc, 1996; Huang and Chung, 2003）。

有機栽培病害綜合管理需結合物理、生物、耕作等防治方法，對栽培之作物特性及可能發生的病害生態需先有一定的認識，依栽種之作物種類、病害生態及栽培環境，規劃出之適宜的管理方式，因此，不同的栽培場應有不同的病害管理模式（蔡東纂，2008，2009；楊秀珠，2015）。依據各種病害之病原生態的不同，在有機栽培時可使用之防治技術與策略不同，包括：健康種苗、抗病育種、誘導性抗病、交互保護、拮抗生物、土壤添加物、非農藥殺菌物質與植物營養液健素、抗蒸散劑、栽培管理技術（如輪作、網室栽培、套袋、地面敷蓋、草生栽培等）、物理防治法（如太陽能滅菌、土壤蒸汽消毒）、天然植物萃取物質防治法等（陳哲民，1996；謝慶芳，1999；謝廷芳等，2005；黃振文與安寶貞，2011；謝廷芳，2014；Coventry and Allan, 2001）。

（二）蟲害防治策略

1. 害蟲防治之原則

　　害蟲防治之原則大致可歸納為防治時機、防治部位及防治之技術與資材。時機是指害蟲在發生初期族群密度尚低時，就須加以防治，通常以經濟危害水平為上限，而經濟危害水平因害蟲種類及其防治法而異。時機的掌握在於對害蟲族群之發生動態與特性能確實了解與監控，適時加以處理。故需了解其生物特性與生活習性，針對關鍵蟲期採用有效之防治物質、天敵或其他方法（王清玲，2010；章加寶，2011）。

　　有機栽培採用非化學農藥進行蟲害防治，如調適耕作管理、栽植抗蟲品種、利用自然農藥、生物性農藥及生物天敵等。為求防治之經濟有效，在技術上有幾個原則要把握得宜，包括防治之時機、部位及使用量等原則。耕作管理如採行適當的耕作制度、種植時期調整、作物輪作或間作、整枝修剪、合理施肥、田間衛生（清園）及雜草管理等。物理防治則有捕捉（手捉、網子捉）；誘捕法（燈光誘捕、顏色誘捕）；阻隔法（溫網室、套袋）（Ko *et al.,* 2003）。

　　自然農藥與生物性農藥可能因成分較複雜或易受溫溼度、紫外線等環境因子影響，防治的效果較不穩定，施用間隔要比一般化學農藥密集。生物防治：以蟲剋蟲；利用天敵昆蟲防治害蟲。生物防治法則視所用天敵種類而定，不致有空窗期。上述原則操作得宜，可收事半功倍之效（羅幹成，1999；羅幹成與李啟陽，1999；何佳蓉與王清玲，2005；唐立正與段淑人，2008）。

　　充分了解害蟲是防治工作之首要，害蟲相愈單純就愈容易控制。良好的網室設施除可隔離部分較大型害蟲，如蛾蝶類、金龜子類等，使害蟲相較為單純，並可延緩小型害蟲如蚜蟲、粉蝨、薊馬及葉蟎等之入侵與族群發展。另外以性費洛蒙誘捕雄性害蟲，或以黏板捕捉害蟲，或者淹水及溫室內敷蓋塑膠布產生高溫等方法亦可有效抑制蟲卵及害蟲的效量（陳家鐘與陳雲貞，2009）。

2. 生物天敵

草蛉、捕植蟎、瓢蟲、小黑花椿象等（吳子淦，1999；李文台，1999；王清玲，1999；王清玲與盧秋通，2010；羅幹成與李啟陽，1999；盧秋通，2010）。

(1) 捕食性天敵

A. 草蛉屬昆蟲類捕食性天敵，以安平草蛉及基徵草蛉較常見。捕食葉蟎、蚜蟲類、粉蝨類、介殼蟲類、木蝨類及鱗翅目蝶類、蛾類等之初齡幼蟲及卵。食性雜，捕食量大，繁殖力強，可人工大量繁殖、應用在多種作物上。

B. 捕植蟎屬蜘蛛類捕食性天敵，能捕食葉蟎之各齡期，田間葉蟎密度低時即行釋放。

(2) 寄生性天敵：赤眼卵寄生蜂、小繭蜂、姬蜂、東方蚜小蜂等（林鳳琪，1999；高靜華等，1999）。

A. 玉米螟赤眼卵蜂屬昆蟲寄生性天敵，體型微小。卵期、幼蟲期及蛹期在玉米螟卵內完成，因之被稱為卵寄生蜂。

B. 東方蚜小蜂與豔小蜂為銀葉粉蝨之主要天敵，成蟲在銀葉粉蝨之若蟲體上產卵，孵化後幼蟲即鑽入銀葉粉蝨若蟲體內取食。

C. 防治小菜蛾現有三種寄生蜂，分別為小繭蜂、彎尾姬蜂及雙緣姬蜂。因小繭蜂之田間寄生率先高後低，二種姬蜂則呈穩定上升，故田間應用時三種寄生蜂可配合使用。初期用小繭蜂，中後期用姬蜂。

(3) 生物性藥劑：蘇力菌、蟲生真菌等（余志儒與陳炳輝，2000；羅朝村等，2005）。

蘇力菌餌劑或蘇力菌可溼性粉劑加展著劑。每公頃每次餌劑 20 公斤或可溼性粉劑約 1 公斤稀釋 1 千倍後噴施。每週 1 次至採收為止。

（三）雜草防治策略

一般未經過馴化的非經濟栽培植物通常以「野生植物」或「野草」稱之，凡是雜生於田間而非吾人栽培目的的植物均稱為雜草（江瑞拱，2007；丁文彥

等，2008；蔣永正等，2011）。雜草與作物一樣也需要吸收養分、水分才能生長，雜草的密度愈高對養分的競爭愈強烈。影響作物與雜草競爭能力的因素很多，一般與作物本身競爭能力、雜草種類、耕作制度、種植時期、肥料用量及灌溉水管理有關。雜草對作物的危害程度亦因作物種類、種植時期、栽培管理及雜草種類與數量而異。一般而言，雜草的危害可分為下列幾點：(1) 妨害作物生長發育；(2) 影響收穫物的品質；(3) 妨害田間操作；(4) 成為病蟲害傳播的媒介；(5) 降低生活環境的品質（蔣永正等，2011；Altieri, 2004）。

　　有機栽培的雜草綜合性管理係包括農耕管理、物理及生物方法等，以最經濟且環境衝擊最少之管理策略，來降低雜草族群之密度或競爭能力，以達到減少作物損失之目的（有機驗證基準—雜草與病蟲害管理）。各種雜草管理方法均有其優點與缺點，由於雜草習性及生活史各不相同，水田與旱田的雜草相亦不同，因此沒有一種方法能適用各種場合（葉鴻展等，1986）。

1. 水田的雜草管理（丁文彥等，2004；蔣永正等，2011；楊志維等，2021）

　　水田內常見之主要雜草大部分為水生環境之植物，即根部著生於土中，地上部枝葉大部分露出水面，諸如稗草、螢藺、球花蒿草、鴨舌草、水莧菜、母草、紅骨草、尖瓣花及雲林莞草等為水田常見之主要雜草（蔣永正，2002）。水稻有機栽培的雜草防除技術有下列幾種：(1) 種植綠肥；(2) 整地；(3) 湛水；(4) 覆蓋滿江紅；(5) 敷蓋稻殼；(6) 人工除草；(7) 合鴨栽培（蔣永正，2004）。

2. 果園的雜草管理（張汶肇等，2010；蔣永正等，2011）

　　(1) 草生栽培：果園的草生栽培近年來已被重視，即在果園行株間讓雜草生長或種植非原生草類綠肥作物等，並加以管理。果園草生栽培可以增加土壤有機質，改善土壤物理性、化學性、土壤微生物活性，以及促進果樹之生長。

　　(2) 機械除草：大型果園可利用背負式割草機或乘坐式割草機來除草，優點為果園外觀整齊乾淨，缺點則為大型割草機價格較為昂貴。小型果園大都以背負式割草機較為經濟且有效率。

(3) 敷蓋塑膠布：一些敷蓋資材如銀黑色塑膠布或稻草等可使用於果園來抑制雜草的生長。敷蓋物阻斷雜草生長所需的光線，並可保存土壤水分。

3. 蔬菜園的雜草管理（蔣永正，2002；蕭政弘，2004；蔣永正等，2011）

蔬菜園雜草的種類因蔬菜種類、栽培季節、土壤條件不同而有所差異。短期與長期葉菜類之生育期長短差異很大，因此兩者田面雜草發生之種類與數量亦不相同；長期葉菜類田區較易出現多年生雜草，如滿天星和香附子等；短期葉菜類因生育期短，收穫後土壤翻耕次數頻繁，較不利多年生雜草的繁衍。有機蔬菜採取的方法有下列幾種（謝慶芳，1997）：

(1) 機械鋤草：為最省工且有效的方法，但不適合短期葉菜類用。農田雜草多時，通常以播種前或定植前先行整地並除草，種植蔬菜前應調整行株距以利中耕除草機行走用。

(2) 地面敷蓋：一般長期葉菜類田區因其行株距較寬，可採用銀黑色塑膠布或稻草敷蓋，不但可防止雜草滋生、水分蒸散，亦可防止薊馬的危害。夏天敷蓋作物殘株或稻草還可以降低土壤溫度。

(3) 間作：於蔬菜植株行間種植生長快速的綠肥作物或匍匐性作物作為覆蓋作物（Cover Crops），以減少雜草的發生。

(4) 人工除草：傳統的蔬菜園通常以人工除草為主，但隨著蔬菜栽培逐漸集團、企業化，加上農村勞力缺乏，人工除草已較少被採用。

三、「有機農產品暨有機轉型期農產品驗證基準與其生產加工分裝流通及販賣過程可使用之物質」中之第一章第三部分作物五、雜草及病蟲害管理與第二章生產加工分裝流通及販賣過程可使用物質二、作物生產（一）病蟲草害管理可使用物質

（民國 108 年 6 月 5 日頒布）

網址：https://www.afa.gov.tw/cht/index.php?code=list&ids=353&mod_code=view&a_id=405

（一）雜草管理

1. 預防性措施：降低作物種子中夾雜之草籽量及避免農機具與灌溉水污染，避免田區間之雜草散佈等。

2. 耕作制度：水、旱田輪作或不同作物輪作、間作等。

3. 雜草數量控制：以密植撒播、移植、選留適合之自生性雜草或以人工種植草類、綠肥植物，保持土表呈草生狀態等。

4. 敷蓋或覆蓋

   (1) 利用割除之雜草（未開花結種子者）、作物殘株或各種可使用生物資材敷蓋。

   (2) 利用聚乙烯、聚丙烯或聚碳酸酯基產品敷蓋。

   (3) 休閒期種植綠肥作物或實施草生栽培，水田繁殖滿江紅。

   (4) 採本方法者，不得使用殘留農藥、輻射性物質或過量重金屬之作物殘渣及生物資材與聚氯乙烯。以塑膠產品敷蓋者，使用後應清理移出，禁止就地焚燒。

5. 除草：人工或機械耕犁、斷水、湛水控制等。

6. 飼養禽畜：飼養家禽或家畜，進行除草。

7. 植物相剋原理利用：利用非基因改造植物釋放其二次代謝物質以抑制自己或鄰近植物種子發芽、生長發育及結實。

8.微生物除草劑：噴灑非基因改造生物或資材之雜草病原微生物（眞菌等）。

（二）病蟲害管理

1.耕作防治技術

(1) 輪作、間作非寄主作物等。

(2) 混作共榮作物。

(3) 忌避植物。

(4) 圍籬植物。

(5) 選用非基因改造之抗病蟲害品種。

(6) 利用其他捕食性動物（如雞鳴）。

2.物理防治技術

(1) 高溫或太陽能處理，但不得於田區焚燒殘株。

(2) 利用不含合成化學物質之紙袋、塑膠布及不織布袋等防護。

(3) 果樹基部以麻袋、紗網包裹，防治天牛等。

(4) 設置水溝及各種物理陷阱。

(5) 利用有色黏蟲紙、誘蛾燈。

(6) 種子以水選（鹽水、溫水等）、高溫及低溫處理。

3.生物防治技術

(1) 釋放寄生性、捕食性昆蟲天敵。

(2) 非基因改造生物之微生物製劑。

（三）農場內資源優先循環利用，自農場外取得或商品化之植物保護資材應經驗證機構審查同意，其中商品化資材應符合農藥管理法相關規定取得農藥登記證或屬公告之免登記植物保護資材。

（四）符合本章第一部分共同基準第五點有機產品之生產、加工、分裝、流通及販賣過程使用物質之原則規定（一）應使用天然物質，但第二章禁止使用者除外。所定天然物質之食品類資材均得作爲病蟲草害管

理物質，其餘應符合第二章生產加工分裝流通及販賣過程可使用物質二、作物生產（一）病蟲草害管理可使用物質規定。

（五）為維護公共利益，因應政府辦理整體防疫防治工作，而必須使用第二章生產加工分裝流通及販賣過程可使用物質二、作物生產（一）病蟲草害管理以外之合成化學物質者，農產品經營者應事先通知驗證機構相關施作範圍、藥劑、方式等，由驗證機構判定管制範圍及管制期間，於管制期間該管制範圍內之產品不得以有機名義販售。

第二章　生產加工分裝流通及販賣過程可使用物質

二、作物生產

（一）病蟲草害管理可使用物質

1.得使用之合成化學物質，包括使用合成化學物質處理或經化學反應改變原理化特性者，規定如下：

名　　　稱	使　用　條　件
(1) 甲殼素 (2) 化工醋類 (3) 含氯物質：次氯酸鹽類、氯酸鹽類、二氧化氯等 (4) 含銅物質：硫酸銅、氫氧化銅、氧化亞銅、鹼性氯氧化銅、三元硫酸銅等 (5) 波爾多液（硫酸銅＋生石灰） (6) 中性化亞磷酸 (7) 碳酸氫鉀、碳酸氫鈉（小蘇打） (8) 碳酸鈣 (9) 石灰、硫磺、石灰硫磺合劑 (10) 氫氧化鉀 (11) 含矽物質：矽酸鹽類、二氧化矽 (12) 礦物油	使用含氯或銅物質時，儘量減少土壤中氯或銅的累積。 使用費洛蒙、昆蟲誘引物質、硼砂（硼酸）不得直接與作物接觸。 含毒甲基丁香油使用時應放置於誘引器，避免與植株及土壤直接接觸，並於使用前提交使用計畫經驗證機構審查核可後方能依計畫使用。

名　　　　稱	使　用　條　件
(13) 昆蟲誘引或忌避物質（費洛蒙、甲基丁香油、蛋白質水解物、克蠅等）	
(14) 脂肪酸鹽類（皂鹽類）、不含殺菌劑之天然油脂皂化資材	
(15) 硼砂（硼酸）	
(16) 含毒甲基丁香油	

2.天然物質除下列規定者外，皆可使用：

名　　　　稱	使　用　條　件
(1) 毒魚藤	
(2) 對人體有害之植物性萃取物與礦物性材料	

四、結語

　　有機栽培的雜草及病蟲害管理應考量作物的特性與生育期，評估雜草及病蟲害發生對作物生育帶來的衝擊，結合栽培管理倡導及施用現行研發出之天然藥劑及天敵等綜合防治技術，才能達到省時省工符合經濟效益的管理策略。應用植物鮮體植株或其抽出液來防治雜草及病蟲害，與合成化學藥劑相較，具有 (1) 無殘毒問題，其有效成分為自然產物，在自然環境下可被分解；(2) 不易產生抗藥性；(3) 對人畜較安全等優點。但相對地也有缺點，如 (1) 穩定性低，保存期較短；(2) 組成分複雜，影響效果；(3) 影響植物生態，種植抑蟲植物或者長期噴施抽出液而影響在地植物生態。另外，世界衛生組織（WHO）規定，任何活的或死的材料凡欲以防治有害生物為目的者，與合成化學物質相同皆應測試其安全性與有效性（Ray, 1991），雖然因而對植物性藥劑的發展形成障礙，但也可使該科技領域的發展更為健全。

參考文獻

丁文彥、黃秋蘭、江瑞拱。2004。不同栽培密度及移植苗數對水稻臺東 30 號生育及產量之影響。臺東區農業改良場研究彙報。15：1-18。

丁文彥、黃秋蘭、江瑞拱。2008。有機栽培之雜草管理技術。行政院農業委員會臺東區農業改良場編印。

王清玲。1999。小黑花椿象。生物防治—天敵研究和利用介紹。台灣省農業試驗所編印。P.17-24。

王清玲。2010。作物蟲害非農藥防治資材。行政院農業委員會農業試驗所出版。農試所特刊第 142 號。P.2-6。

王清玲、盧秋通。2010。小黑花椿象。作物蟲害非農藥防治資材。行政院農業委員會農業試驗所出版。農試所特刊第 142 號。P.23-26。

王銀波。2001。永續農業之發展。永續農業（第一輯作物篇）。中華永續農業協會編印。P.11-15。

王錦堂、黃政華。2004。忌避作物之應用。優質安全農產品生產策略研討會專刊。農業試驗所特刊第 115 號。P.77-98。

王鐘和。2009。作物有機栽培的病蟲害管理—農耕管理法。屏科大農業推廣通訊（第五期）。P.13-16。

王鐘和。2021。台灣有機農業的內涵與發展策略及願景。110 年全國有機日慶祝活動暨有機農業產銷技術研討會。台灣有機農業產業促進協會編印。

江瑞拱。2007。水稻之有機栽培技術。農技新知。P.1-8。

何佳蓉、王清玲。2005。利用天敵防治作物害蟲。永續農業—作物蟲害之非農藥防治技術專輯。P.22-27。

余志儒、陳炳輝。2000。有機栽培之蟲害防治技術。永續農業—有機農業產品之產銷策略專輯。第 12 期。

余志儒、陳炳輝。2007。天然防蟲物質。作物蟲害之非農藥防治技術。行政院農業委員會農業試驗所出版。P.19-28。

余志儒。2017。植物源除蟲劑的研發現況與展望。永續農業—台灣生物農藥之現

況與展望。第 38 期。P.79-92。

吳子淦。1999。草蛉一般介紹。生物防治—天敵研究和利用介紹。台灣省農業試
　　驗所編印。P.3-10。

李文台。1999。草蛉飼養與應用。生物防治—天敵研究和利用介紹。台灣省農業
　　試驗所編印。P.11-16。

林鳳琪。1999。東方蚜小蜂。生物防治—天敵研究和利用介紹。台灣省農業試驗
　　所編印。P.43-56。

林俊義。2001。永續農業之理念與發展策略。永續農業（第一輯作物篇）。中華
　　永續農業協會編印。P.2-10。

唐立正、段淑人。2008。有機蟲害之非藥劑防治。永續農業—有機農場經營與管
　　理專輯。第 28 期。中華永續農業協會印行。P.30-36。

高靜華、鄭允、蘇文瀛。1999。小菜蛾之寄生蜂。生物防治—天敵研究和利用介
　　紹。台灣省農業試驗所編印。P.49。

張汶肇、吳建銘、吳昭慧。2010。果園草生栽培之重要性。臺南區農業改良場技
　　術專刊。第 149 期。P.3-9。

章加寶。2011。蟲害管理—前言。台灣有機農業技術要覽。財團法人豐年社出
　　版。P.192。

陳哲民。1996。植物油抑制植物病原真菌胞子發芽之效果。花蓮區農業改良場研
　　究彙報。12:71-90。

陳家鐘、陳雲貞。2009。昆蟲的誘惑。專題報導—害蟲與天敵。科學發展。第 444
　　期。P.29-33。

黃鴻章、黃振文。2005。植物病害之診斷與防治策略。行政院農業委員會動植物
　　防疫檢疫局編印。

黃振文、安寶貞。2011。病害管理—前言。台灣有機農業技術要覽。財團法人豐
　　年社出版。P.151。

黃毓斌。2021。永續農業之作物病害管理策略。永續農業—臺灣永續農業發展與
　　耕作策略調適。第 41 期。P.34-40。

楊秀珠。2015。有機農業之病害整合管理。行政院農委會花蓮區農業改良場編

印。P.91-129。

楊志維、簡禎佑、鄭智允。2021。水稻田雜草綜合管理技術。桃園區農業專訊。第 115 期。P.4-5。

葉鴻展、莊金榜、邱建中、古錦文、林嘉興、林烈輝、余合、蔡承良、曾芳明。1986。雜草控制。行政院農業委員會臺灣省政府農林廳編印。指導員手冊一七六 A 一植保二一。

蔡東纂。2008。有機農業之作物病害管理。永續農業—有機農場經營與管理專輯。第 28 期。中華永續農業協會印行。P.24-29。

蔡東纂。2009。有機農業之作物病害管理。有益微生物及天敵在有機農業上之應用研討會論文集。P.13-23。

蔣永正。2002。有機栽培之雜草防治技術。作物有機栽培。P.97-104。

蔣永正。2004。水生雜草之管理。雜草學與雜草管理。行政院農業委員會農業試驗所出版。P.179-192。

蔣永正、蔣慕琰、張騰維。2011。雜草管理。台灣有機農業技術要覽（上冊）。財團法人豐年社出版。P.62-110。

盧秋通。2010。草蛉。作物蟲害非農藥防治資材。行政院農業委員會農業試驗所出版。農試所特刊第 142 號。P.17-22。

蕭政弘。2004。蔬菜田之雜草管理。雜草學與雜草管理。行政院農業委員會農業試驗所出版。P.193-210。

謝廷芳、胡敏夫、黃晉興、柯文雄。2005。天然植保製劑葵無露—實用性植保資材。豐年。55(8)：63-64。

謝廷芳。2014。植物源保護製劑防治作物病害之應用現況。永續農業—植物保護資材之開發及其應用專輯。第 35 期。P.14-21。

謝慶芳。1997。有機蔬菜栽培法。臺中區農業專訊第 18 期。P.8-16。

謝慶芳。1999。天然藥劑與病害控制。興大農業。30：14-17。

羅幹成、李啟陽。1999。補植蟎。生物防治—天敵研究和利用介紹。台灣省農業試驗所編印。P.25-34。

羅幹成。1999。前言。生物防治—天敵研究和利用介紹。台灣省農業試驗所編

印。P.2。

羅朝村、石信德、顏志恆。2005。拮抗生物與有益微生物。永續農業作物病害之非農藥防治技術專刊。第 22 期。P.20-24。

Altieri, M. A. 2004. Biodiversity and pest management in agroecosystems Food Productions Press, InC. P.47-68.

Coventry, E., and E. J. Allan. 2001. Microbiological and chemical analysis of neem (Azadirachta india) extracts: new data on antimicrobial activity. *Phytoparasitica*, 29: 441-450.

Foughtk, L., and J. A. Kuc. 1996. Lack of specificity in plant extracts and chemicals as inducers of systemic resistance in cucumber plants to anthracnose. *J. Phytopathol.* 144: 1-6.

Huang, J. W., and W. C. Chung. 2003. Management of vegetable crop diseases with plant extracts. P.153-163. In: H. C. Huang and S. N. Acharya, eds. *Advances in Plant Disease Management.* Research Signpost, Kerala, India.

Ko, W. H., Wang, S. Y., Hsieh, T. F., and Ann, P. J. 2003. Effects of sunflower oil on tomato powdery mildew caused by Oidium neolycopersici. *J. Phytopathol.* 151: 144-148.

Ray, D. E. 1991. Insecticides of plant origin. P.585-636. In: Hayes, W. J., and E. R. Laws, Jr. eds. *Handbook of pesticides.* New York, Academic Press.

CHAPTER 14

有機畜產品與水產品的發展

一、前言

　　現代的畜產及水產動物飼養，如同作物生產一樣，大多數為保護及集約式的圈養或養殖，講求高效率、企業化、大量的建構式圈養或養殖。為了畜產及水產動物疾病控制、提高飼料的換肉率及促進動物的生長，而添加了各種藥物如抗生素及調節免疫功能的藥物等。長期如此，生產畜產品及水產品當然會有各種人為添加的藥物，導致消費大眾的健康受到影響，甚至養殖場域亦會受到污染。因此，講求保育環境生態，維護食安的有機農業，除了生產安全優質的農糧作物產品外，當然也追求生產維護人類健康、動物福祉、環境品質的有機畜產品及有機水產品的產出。有機動物飼養／養殖，追求在適合動物習性的生長環境中，攝取自然有機的食物，生產優質及無污染的有機產品。

二、有機畜產品的生產

　　有機畜禽生產時，應符合有機法規之相關規定，要注重動物健康福祉及環境生態維護。有機畜禽之生產應依畜禽自然行為，提供接觸土壤、陽光及新鮮空氣等必要之生產條件，適度之放牧，以維持動物群落及生態，維持牧場內環境生物多樣性並促進彼此間之互補關係，畜禽必須給予足量之有機生產作物及飼料。

　　注重人道養殖的有機畜禽之基本管理方式如下：畜禽之飼養數量應考量飼料產能、畜禽對我國農業環境之適應性與環境影響、營養平衡及畜禽健康等因素。自然配種或人工授精方式繁殖，維護動物健康與福祉，減少緊迫，重視生物安全，非經獸醫師處方，不得使用對抗療法之化學合成藥品及抗生素。

三、有機水產品的生產

　　有機養殖或採收地點應有適當防止外來污染之圍籬或緩衝帶等措施，以避

免有機栽培之水產植物受到污染。養殖水質應符合行政院環境保護署訂定地面水體分類及水質標準之一級水產用水基準。養殖底土重金屬含量應低於土壤污染管制標準。養殖土壤重金屬含量達到監測標準者，驗證機構應於展延查驗時定期追蹤。養殖或採收活動不應破壞環境資源，確保資源之永續利用。室外生產水產植物之區域取得有機驗證前，需有 2 年之轉型期。轉型期間應依據驗證基準之規定施行有機栽培。

有機水產動物養殖應以不影響自然生態平衡方式進行，符合水產動物之福祉，以健康良好環境之管理為基本生產原則。有機飼料及飼料添加物均應符合有機驗證基準之相關規定，另進口有機飼料應符合進口有機農產品審查管理辦法之規定。生產者無法取得商品化之有機飼料及其飼料添加物時，驗證機構得驗證可行之自製有機飼料生產替代方案，方案所需飼料及飼料添加物原料須由生產者提供來源證明，其加工過程應與非有機飼料明顯區隔。

四、目前國內外有機畜產品與有機水產品發展之現況

臺灣至 2022 年 11 月通過有機畜產驗證者 3 戶，有機畜產加工驗證僅為 1 戶；通過有機水產驗證者 4 戶（其中包括有機水產植物 2 戶及有機水產動物 2 戶），有機水產加工驗證則為 1 戶。臺灣有機畜牧用地面積為 4.48 公頃，約占總面積之 0.03%（有機農業推動中心，2022）。

關於有機畜產業的統計數據還不完整，所以目前仍無法全面的了解，在許多國家，有機畜牧業始於牛肉、羊肉和牛奶生產。表一顯示，2018 年歐洲有機畜牧產業發展的概況，在歐洲，飼養了 485 萬頭牛、590 萬隻綿羊、近 140 萬頭豬和 5,650 萬隻家禽（歐盟數據見表一）。從目前所有可獲得的資訊來看，有機畜牧在歐洲國家正在快速發展（FiBL and IFOAM, 2020）。

全球有機肉類產品市場預計將從 2021 年的 154.4 億美元增長到 2022 年的 168.5 億美元，年均複合成長率（CAGR）為 9.1%，依此成長率預計到 2026 年，市場規模將增長至 238.8 億美元。有機肉類市場包括生產有機肉類產品的

表一　2018 年歐盟有機畜牧之產值

	歐洲				歐盟	
	牲口數（隻）	有機份額占有比（%）	2017～2018占有比（%）	2009～2018占有比（%）	牲口數（隻）	有機份額占有比（%）
牛類	4,853,724	3.8%	10.3%	88.1%	4,603,380	5.2%
羊	5,941,470	3.8%	14.5%	67.8%	5,685,771	5.0%
豬	1,362,618	0.8%	36.4%	105.2%	1,321,170	0.7%
家禽	56,524,703	2.3%	12.7%	127.9%	53,615,279	3.0%

(FiBL and IFOAM, 2020)

企業所產生的收入，這些產品的原料來源均是從有機畜牧業中取得。有機肉類是從經過有機驗證的土地上所飼養的牲畜中獲得，並餵食 100% 有機飼料，且不含任何抗生素或添加生長激素。主要產品類型有牛肉、豬肉、羊肉、家禽等。亞太地區是 2021 年有機肉製品市場的最大地區，北美是有機肉製品市場的第二大地區。有機肉類產品市場覆蓋的地區包括亞太、西歐、東歐、北美、南美、中東和非洲。消費者對有機產品的傾向，預計將推動對有機肉類產品市場的需求，這可以歸因於消費者對健康的重視，以及有機產品帶給人類健康益處的認識不斷提高（Reportlinker, 2022）。根據有機貿易協會的數據顯示，2019 年美國有機食品銷售額達到 501 億美元，與上一年相比增長了 4.6%。近年來，有機肉類變得愈來愈重要，因為有機食品的需求不斷增長，也會推動有機肉類產品的需求。有機肉製品的價格相對高於傳統肉製品，這因素可能會阻礙市場的增長，因有機肉類生產過程昂貴，需要更多時間處理，並且勞動密集型的生產。因此，生產商對額外加工的有機產品加價才能應付上升的成本。然而，高價通常會降低有機食品的購買意願，從而阻礙市場增長（Reportlinker, 2022）。

　　部分的有機加工品推行廠商正在推出創新產品，以滿足消費者對口味偏

好和健康飲食的要求。2019 年 3 月，領先的天然和有機肉類公司 Applegate 宣布在 2019 年西部天然產品博覽會上推出該公司的新產品。新的產品系列包括 The Great Organic Blend Burger、Applegate Organics 等。2019 年 5 月，人道動物護理和可持續農業的行業領導者 Perdue Premium Meat Company Inc. 宣布以未公開的金額收購最大的 100% 有機牛肉生產商 Panorama Meats。此次收購旨在擴大公司的產品群組和全球影響力（Reportlinker, 2022）。

　　根據歐盟國家消息來源，2020 年歐盟 27 國有機水產養殖總產量估計為 74,032 公噸，占歐盟水產養殖總產量的 6.4%。相比之下，2015 年 11 月歐盟 27 國有機水產養殖產量估計為 46,341 公噸（歐盟 28 國為 49,723 公噸），占歐盟水產養殖的 4%，有顯著的成長。據報導，2020 年有機水產養殖產量超過 306,000 公噸。根據現有數據，水產養殖生產集中在亞洲（55%，主要是中國）和歐洲（31%）。中國的產量最大（169,400 公噸），其次是厄瓜多爾（近 43,000 公噸）和愛爾蘭（超過 30,000 公噸）（表二及表三）。但是，一些水產養殖產量大的國家，如巴西和印度尼西亞，沒有提供有機水產養殖的數據；

表二　世界：有機面積：2020 年按區域劃分的農業用地（包括轉型區）和其他有機面積

地區	農業（ha）	水產（ha）	林產（ha）	野外收獲（ha）*	非農業地區（ha）	總計（ha）
非洲	2,086,858		38,122	11,717,981	170	13,843,131
亞洲	6,146,235	107,631		3,530,544	25,638	9,810,050
歐洲	17,098,133	3	16,540	9,912,919	120	14,055,674
拉丁美洲	9,949,461	2,122	40,011	3,075,474	988,604	4,239,323
北美洲	3,744,163		205,196	289,965		4,239,323
大洋洲	35,908,876					35,908,876
全球**	74,926,006	109,755	299,868	28,526,883	1,014,533	104,877,045

*　野生採集和養蜂區

**　所有修正值包括法國海外部門

(FiBL and IFOAM, 2022)

假設有機水產養殖產量較高，按物種分類可獲得總產量的四分之一。根據現有統計，有機鮭魚是產量最大的物種（超過 25,500 公噸），其次是貽貝（25,400 公噸）和鱒魚（超過 2,500 公噸）（FiBL and IFOAM, 2022）。

表三　各國生產有機水產品之產量（2020 年）

國家	生產（MT）
孟加拉國	342
保加利亞	3,004
中國	169,400
克羅地亞	280
厄瓜多爾	42,688
希臘	1,574
匈牙利	1,743
冰島	5
愛爾蘭	30,430
義大利	9,608
拉脫維亞	8
立陶宛	955
荷蘭	8,536
挪威	26,999
波蘭	282
葡萄牙	1,100
羅馬尼亞	975
斯洛維尼亞	713
西班牙	7,476
瑞士	370
越南	40

（FiBL and IFOAM, 2022）

五、「有機農產品暨有機轉型期農產品驗證基準與其生產加工分裝流通及販賣過程可使用之物質」中之第一章第四部分畜產及第二章生產加工分裝流通及販賣過程可使用物質三、畜產（一）可使用於畜禽生產之合成化學物質（民國 108 年 6 月 5 日頒布）

網址：https://www.afa.gov.tw/cht/index.php?code=list&ids=353&mod_code=view&a_id=405

（一）一般原則

1. 有機畜禽生產時，應符合本章相關規定。

2. 有機畜禽之生產應以不影響自然生態平衡之方式進行，並對有機農業系統發揮下列重要作用：

(1) 改善並維護土壤肥力。

(2) 適度之放牧，以維護植物群落及生態。

(3) 維持牧場內環境生物多樣性並促進彼此間之互補關係。

(4) 增加農業生產系統之多樣性。

3. 有機畜禽之生產應依畜禽自然行為，提供接觸土地、陽光及新鮮空氣等必要之生產條件。

4. 畜禽必須給予足量之有機生產作物及飼料。

5. 畜禽之飼養數量應考量飼料產能、畜禽對我國農業環境之適應性與環境影響、營養平衡及畜禽健康等因素。

6. 有機畜禽之基本管理方式如下：

(1) 以自然配種或人工授精方式繁殖。

(2) 維護動物健康與福祉。

(3) 減少緊迫。

(4) 重視生物安全。

(5) 非經獸醫師處方，不得使用對抗療法之化學合成藥品及抗生素。

（二）用詞定義

1.飼作地：指種植畜禽飼料用作物之土地。

2.放牧地：飼養畜禽用牧草之耕作地或畜禽放養之場地。

3.戶外飼養地：畜禽舍以外供畜禽運動或活動之空間。

4.更新：指因出售、自然淘汰、天然災害或重大疫病等因素，須自場外引進畜禽者。

5.有機飼料：包含作物、加工品、副產品、配合飼料、動物性來源飼料等。前述飼料均應符合本章相關規定或進口有機農產品審查管理辦法之規定。

6.本草療法：指使用植物萃取物或精油等調理動物健康方法。

7.順勢療法：指利用誘導增加自體抵抗力的調理動物健康方法；使用之藥品不得為化學合成藥品或抗生素。

8.對抗療法：指所使用之物質會引起抗藥性、化學衍生物質或藥物殘留問題之直接消除疾病症狀之治療方法。

（三）轉型期

1.飼作地及放牧地之轉型期應至少二年。

2.非草食動物之放牧地及戶外飼養地之轉型期應至少一年。

3.有機畜禽產品之飼養轉型期應符合下列規定：

(1) 乳用家畜為六個月以上。

(2) 肉用畜禽：

　　A.肉用仔牛、肉羊及豬為六個月以上。

　　B.肉牛為十二個月以上。

　　C.家禽為十星期以上。

(3) 蛋用家禽為六星期以上。

(4) 其他畜禽應超過其飼養期之四分之三。

4.放牧地轉型前已飼養之動物得與土地同時完成轉型。

（四）平行生產

1.牧場內同時進行有機與非有機畜禽生產時，有機作物、畜禽、資材及產品等應完全與非有機區隔，並建立適當之辨識與標示系統。

2.有機與非有機畜禽生產時，其生產紀錄應分開保存。

3.若發生有機禁用資材與場內有機生產之土地或畜禽有所接觸時，生產者應立即通報其驗證人員或機構，且土地或畜禽應重新進入轉型期。

（五）來源

1.畜禽應自出生起即依本章規定生產管理，且有機飼養之家畜應來自以有機生產管理之種母畜。

2.購自非有機牧場之種母畜禽數量，每年不得超過牧場中同一品種種母畜禽數量之百分之十。

3.有下列情況之一，且經驗證機構同意者，得不受前款百分之十之限制，最高以百分之四十為限：

(1) 嚴重之天然災害或意外事件，導致畜禽損失達百分之二十五以上。

(2) 大規模的擴充，擴充超過百分之三十。

(3) 改變畜禽飼養種類。

4.種公畜禽可由非有機牧場購入，而購入後應即依有機方式生產。

5.牧場轉型期間無法取得有機畜禽時，得自非有機牧場購入下列畜禽：

(1) 二日齡內之肉用雛雞。

(2) 十二週齡內之蛋雞或蛋鴨。

(3) 二週齡內之其他禽類。

(4) 符合防疫規定之離乳仔畜。

6. 經驗證機構同意後，種用以外之畜禽始可更新或增養，如由非有機牧場引進者，應符合前款及第三點第三款有機飼養轉型期之規定，始得以有機畜產品名義出售。更新及增養後之總飼養數量不得超過該牧場容養量。

（六）飼養過程

1. 飼料與營養

(1) 提供符合營養需求的有機飼料及飼料添加物。

(2) 有機飼料及飼料添加物之使用須經驗證機構同意，且其加工過程應與非有機飼料明顯區隔。

(3) 動物性來源之飼料須經驗證機構同意，並符合第二章生產加工分裝流通及販賣過程可使用物質三、畜產（二）禁止使用之天然物質之規定。

(4) 可使用於芻料之品質改善物，應經驗證機構同意，其項目如下：

A. 益生菌及酵素。

B. 食品工業副產品。

C. 植物經發酵等衍生產品。

D. 非基因改造生物產生之芻料改善物。

(5) 反芻動物每日芻料供應量應占乾物重百分之五十以上。

(6) 反芻動物及非反芻動物之有機飼料採食乾物重百分比應分別在百分之八十五及百分之八十以上。有機轉型期飼料可占採食乾物重百分之三十，自產者可提高至百分之六十。放牧地轉型前已飼養之動物與土地同時轉型時得不受轉型期自產飼料比率之限制。但日糧中有機飼料乾物重之比率不得低於總餵飼量百分之七十五，且不得以基因改造產生之產品為原料。

(7) 有機飼料採食比率不符合前目規定者，不得以有機畜禽產品名義販售。

2.管理

(1) 最短離乳期限，依據動物種類之天然行為訂定，分別為牛九十日、羊六十日及豬四十二日。

(2) 哺乳動物的仔畜應以相同種類之有機乳汁餵食。於特殊狀況且經驗證機構同意後，得使用不含抗生素或化學藥物之非有機生產之乳汁，或是以乳製品為基礎之乳代用品。

(3) 有機畜禽產品生產過程，不得使用下列生物技術：

A.胚移置技術。

B.內泌素誘發發情、同期化發情及分娩，但用於治療個別畜禽生殖擾亂之獸醫處方除外。

C.遺傳工程產生之種類或品種之使用。

(4) 於下列情形下應提供畜禽暫時性之繫留場：

A.惡劣的氣候。

B.畜禽生產階段：牛、羊：出生至離乳後七日內。母牛、母羊：後五分之一懷孕期至分娩期間。豬：出生至離乳期間。母豬：懷孕三個月至分娩後仔豬離乳期間。

C.肥育後期：出售屠宰前三個月或畜禽總飼養期間之五分之一，二者取其較短之期間。

D.畜禽健康、安全及福祉可能受到危害之狀態。

E.土壤或水質遭受污染時。

(5) 蛋雞實施光照計畫時，每日光照不得超過十六小時。

(6) 基於動物福祉、健康、識別或出於安全目的進行外觀改變時，必須在仔畜或雛禽時由具熟練實務操作經驗人員執行，並使動物之痛楚及緊迫降至最小。經驗證機構同意可進行：

A.豬的剪齒，不超過牙齒頂部三分之一，和豬的剪尾。

B.雛禽十日齡前的修喙，不得超過喙前端三分之一。

C.仔畜去勢、去角。

3. 飼養環境

(1) 所有畜禽不得籠飼，必須提供適當之戶外飼養地，且畜禽群之飼養數量不應對動物行為模式造成不良影響。

(2) 草食動物須提供良好之放牧地或運動場。

(3) 群飼之畜禽不能個別圈飼。但於生病及分娩等情形，或屬種公畜禽、仔畜禽，且經驗證機構同意者，不在此限。

(4) 提供適合氣候之樹蔭、遮篷、運動場、新鮮空氣、無特定病原菌污染及天然光照等予畜禽生長或生產之環境。

(5) 畜禽生長或生產環境應有適當防護措施，以防止外來動物危害畜禽之安全。

(6) 戶外飼養地之設置應符合下列原則：

A.須有必要之措施，以防止外圍禁用資材之飄入或混入。

B.畜禽舍若無法供畜禽自由出入時，須有適當之遮蔽設施以防不良氣候對動物之傷害。

C.水禽戶外飼養地應有適當之水源。

D.適度輪牧或低密度飼養，避免過度放牧破壞植被和土壤。各種類畜禽所需之戶外飼養地面積不得低於下列規定最小面積：

畜禽種類	戶外飼養地
乳牛	每頭四平方公尺
肉牛	1. 未達一百公斤：每頭一‧五平方公尺 2. 一百公斤以上未達二百公斤：每頭二‧五平方公尺 3. 二百公斤以上未達三百五十公斤：每頭四平方公尺 4. 三百五十公斤以上：每頭五平方公尺
種公牛	每頭二十平方公尺

畜禽種類	戶外飼養地
山羊或綿羊	1. 未達二十公斤：每頭○·五平方公尺 2. 二十公斤以上：每頭二·五平方公尺
母豬與仔豬 （四十二日齡內）	每窩二·五平方公尺
肉豬	1. 離乳後未達三十公斤：每頭○·六平方公尺 2. 三十公斤以上未達六十公斤：每頭○·六平方公尺 3. 六十公斤以上未達一百公斤：每頭○·八平方公尺 4. 一百公斤以上：每頭一·○平方公尺
種公豬	每頭八平方公尺
種母豬	每頭一·九平方公尺
蛋雞（產蛋期間）	每平方公尺四隻
肉雞（二十八日齡以上）	每平方公尺十隻
火雞	每平方公尺二隻
鴨	每平方公尺三隻
鵝	每平方公尺三隻

(7) 畜禽舍須有足夠供躺下或休息且清潔舒適之空間，並符合下列條件：

A. 畜禽能自由攝取飼料與飲水。

B. 畜禽舍之結構能有適當之溫度、通風與採光。

C. 畜禽舍應配合種別特性與批群大小，設有適宜之休息場所，與寬闊之出入口，陸禽宜設有棲架。

D. 畜禽舍及設備應實施適當之清潔與消毒，不得使用第二章生產加工分裝流通及販賣過程可使用物質三、畜產（一）可使用於禽畜生產之合成化學物質規定以外之資材於清掃或消毒，且排泄物及殘存飼料應定期清理，以確保環境衛生。

E. 畜禽舍不得使用對人畜健康有害之建材及設備。

F. 畜禽臥床之墊料及泥土地面應保持乾燥，若畜禽可能採食墊料時，該墊料材質須符合有機生產規範要求。

G. 畜禽之飼養密度應依畜禽種類、品系及年齡並考量畜禽舒適及福祉訂定，各種類畜禽所需之畜禽舍面積不得低於下列規定最小面積：

畜禽種類	畜禽舍
乳牛	每頭四平方公尺
肉牛	1. 未達一百公斤：每頭一‧五平方公尺 2. 一百公斤以上未達二百公斤：每頭二‧五平方公尺 3. 二百公斤以上未達三百五十公斤：每頭四平方公尺 4. 三百五十公斤以上：每頭五平方公尺
種公牛	每頭十平方公尺
山羊或綿羊	1. 未達二十公斤：每頭○‧三五平方公尺 2. 二十公斤以上：每頭一‧五平方公尺
母豬與仔豬（四十二日齡內）	每窩七‧五平方公尺
肉豬	1. 離乳後未達三十公斤：每頭○‧六平方公尺 2. 三十公斤以上未達六十公斤：每頭○‧八平方公尺 3. 六十公斤以上未達一百公斤：每頭一‧一平方公尺 4. 一百公斤以上：每頭一‧三平方公尺
種公豬	每頭六平方公尺
種母豬	每頭二‧五平方公尺
蛋雞（產蛋期間）	每平方公尺六隻
肉雞（二十八日齡以上）	每平方公尺十隻

畜禽種類	畜禽舍
火雞	每平方公尺二隻
鴨	每平方公尺十隻
鵝	每平方公尺五隻

(8) 放牧生產之環境應符合本章第三部分之相關規定。

4. 保健

(1) 有機畜禽應選擇適合本地條件與具抗流行性疾病及寄生蟲之品種。

(2) 畜禽舍及放牧地應符合生物安全條件，以防範疾病之發生及蔓延，並有足夠之活動空間。

(3) 允許使用合法且需要之疫苗接種。

(4) 有機畜禽產品之生產者，在畜禽的保健管理上應遵守下列事項：

A. 在沒有疾病發生之情況下，不得使用任何疫苗以外之動物用藥。

B. 肉用畜禽不得使用化學合成驅蟲劑，其他畜禽於例行作業時，亦不得使用化學合成驅蟲劑。

C. 畜禽受傷或發生疾病時應立即治療，避免讓畜禽受苦，必要時應予以隔離並提供適宜之場所。

(5) 有機農場於畜禽治療時之用藥須遵守下列原則：

A. 應優先使用具調理效果之本草療法、順勢療法、維生素及微量元素。

B. 若上述調理方法對動物保健不能產生效果，且無法降低畜禽痛苦與緊迫時，則可由獸醫師施用對抗療法之化學合成藥品或抗生素。

C. 禁止使用對抗療法之化學合成藥品或抗生素進行預防性治療。

(6) 有機畜禽於前目對抗療法用藥時，應符合下列規定：

A.停藥時間應為法定停藥期限之兩倍以上，且不得低於四十八小時。

B.飼養期一年以上之畜禽，一年間之療程應在二個以下。

C.飼養期一年以內之畜禽，一年間之療程應在一個以下。

D.肉用畜禽於飼養期間不得有任何療程。

未依前述對抗療法用藥規定之畜禽產品均不得以有機名義販售。但經驗證機構同意且經轉型期者，不在此限。

（七）蟲害及廄肥管理

1.蟲害管理應採用預防措施，如利用生物防治法或訂定適當之畜禽放牧及輪牧計畫等。當預防措施效力不足時，應優先使用非化學性方法。若前述方法均不能有效控制時，可使用符合本章規定之技術及資材。

2.有機牧場應有廄肥處理計畫，包括廄肥之收集、處理與利用。

3.廄肥之收集、處理與利用應符合下列條件：

(1) 不得對作物、土壤、水源及環境造成污染。

(2) 不得對作物生長有負面影響。

(3) 無引發雜草、病蟲害或環境衛生等風險之虞。

(4) 不得使用燃燒或違反本章規定之作法。

(5) 製造堆肥時，應符合堆肥處理相關規範，且所使用之資材應符合本章規定。

（八）運輸、屠宰、畜禽產品收集及包裝

1.畜禽運輸、屠宰與畜禽產品收集時須符合動物福祉。

2.在運輸之前或期間，不得使用任何化學合成之鎮定劑或以電擊驅趕。

3.為確保有機畜禽產品不受非有機畜禽產品之混雜或污染，收集過程及其後之調製、儲存及包裝，均應與一般畜禽產品分開處理。

4.產品之包裝、儲藏、運輸及配售應符合本章之相關規定。

（九）有機畜禽產品生產過程准用之資材應符合第二章生產加工分裝流通及販賣過程可使用物質三、畜產（一）可使用於禽畜生產之合成化學物質規定。

（十）生產紀錄與相關文件

有機畜產經營者應依實際作業情形，詳實填寫紀錄，並妥善保存相關交易憑證，紀錄應清晰、正確及可追溯。紀錄內容應包括下列項目：

1.基本資料，包括農牧場名稱、場址、經營者姓名、住址、聯絡電話、驗證面積與地號、驗證畜禽產品種類及驗證機構等。

2.生產畜禽產品、飼料作物及儲藏等場所位置圖，應具備下列內容並定期更新：

(1) 生產區塊、方位、場址及地號。

(2) 道路、倉庫、建築物、周圍植被及足以識別該農牧場區之主要標示物等地形地物。

(3) 畜禽種類或飼用作物種類。

(4) 所有河道、水井、溝渠及其他水源。

(5) 阻絕污染設施或緩衝帶。

(6) 相鄰區域狀況及作物種類。

3.有機畜禽生產計畫：

(1) 所有進入有機生產畜禽的詳細紀錄，包括品種、來源、數量及進入日期等。

(2) 畜禽用藥之情況，包括用藥畜禽之識別方式、數目、診斷內容、用藥種類劑量與日期、管理方法及畜禽產品銷售日期等。

4.原材料的來源、性質、數量、使用情況及購貨證明等，包括：

(1) 畜禽管理用材料。

(2) 飼用作物（含種子與種苗繁殖等）管理用材料。

(3) 飼料。

(4) 動物用藥品。

(5) 控制病蟲害之材料。

(6) 其他處理材料。

5. 所有畜禽產品之出售資料，包括：

(1) 畜禽產品種類、數量、屠宰時重量或年齡、目的地及標識等。

(2) 收貨人及銷售單據等。

6. 其他處理紀錄，包括屠宰分切過程、包裝、標識、儲藏及運輸等紀錄。

7. 屠宰、分切、包裝場（廠）之加工、儲藏及運輸設備之清潔紀錄以及有害生物之防治紀錄。

8. 客戶或消費者對產品抱怨之相關紀錄。

9. 其他可追溯有機完整性之紀錄。

第二章　生產加工分裝流通及販賣過程可使用物質

三、畜產

（一）可使用於畜禽生產之合成化學物質

名稱	用途
1. 作為消毒劑、清潔劑及醫療用	
(1) 酒精類	
ⅰ 乙醇	僅限於當作消毒劑及清潔劑，禁止當作輔助飼料。
ⅱ 異丙醇	僅限於作為消毒劑之用。
(2) 含氯物質	
ⅰ 次氯酸鈣	僅限於作為消毒及清潔器具、設備之用，其氯之殘留量不能超過飲用水標準中規定的安全量。
ⅱ 二氧化氯	
ⅲ 次氯酸鈉	

名稱	用途
(3) 氯己啶（Chlorohexidine）	准許獸醫師處理外科手術時使用。當其他殺菌劑治療乳房炎無效時，准許作為乳頭浸液。
(4) 不含抗生物質之電解質	
(5) 葡萄糖	
(6) 甘油	僅限使用於家畜乳頭浸液，其來源必須為油脂水解製造者。
(7) 碘化物	
(8) 過氧化氫	
(9) 磷酸	僅限於作為清潔設備之用，不得污染飼養土地及直接接觸有機畜禽。
(10) 疫苗	
(11) 阿斯匹靈	僅使用於消炎。
(12) 氫氧化鈉	僅限於作為清潔設備之用，不得污染飼養土地及直接接觸有機畜禽。
(13) 有機酸	僅限於作為清潔設備之用。
ⅰ 乙酸	
ⅱ 乳酸	
ⅲ 檸檬酸	
(14) 碳酸鈉	僅限於作為清潔設備之用。
(15) 不含殺菌劑之肥皂	僅限於作為清潔設備之用。
2. 作為局部治療、外寄生蟲驅除或局部麻醉用	
(1) 碘化物	
(2) 熟石灰	
(3) 礦物油	僅限於作為局部塗敷或潤滑之用。
(4) 硫酸銅	
(5) 矽藻土	僅限於作為驅除外寄生蟲之用。
(6) 植物油	僅限於作為驅除外寄生蟲之用。

名稱	用途
3. 輔助飼料	
(1) 微量礦物質	僅限於作為養強化之用,其種類及用量須符合國家標準。
(2) 維生素	僅限於作為營養強化之用。
(3) 甲硫胺酸	僅限用於家禽。
4. 飲水中可使用物質:無	

（二）禁止使用之天然物質

名稱
1. 畜禽屠宰副產物
2. 畜禽排泄物
3. 放射線處理、基因改造之有機體或其產物
4. 工業廢液培養之藻類產品
5. 含馬錢子鹼（Strychnine）成分之植物
6. 非脊椎動物（如蚯蚓等。但有機牧場內自生生產者除外）
7. 蛋及製品

六、「有機農產品暨有機轉型期農產品驗證基準與其生產加工分裝流通及販賣過程可使用之物質」中之第一章第五部分水產植物及第六部分水產動物

（民國 108 年 6 月 5 日頒布）

網址：https://www.afa.gov.tw/cht/index.php?code=list&ids=353&mod_code=view&a_id=405

第五部分　水產植物

（一）生產環境條件

　　1.養殖或採收地點應有適當防止外來污染之圍籬或緩衝帶等措施,以

避免有機栽培之水產植物受到污染。

2.養殖水質應符合行政院環境保護署訂定地面水體分類及水質標準之一級水產用水基準。

3.養殖底土重金屬含量應低於土壤污染管制標準。養殖土壤重金屬含量達到監測標準者，驗證機構應於展延查驗時定期追蹤。

4.養殖或採收活動不應破壞環境資源，確保資源之永續利用。

（二）室外生產水產植物之區域取得有機驗證前，需有二年之轉型期。轉型期間應依據本章規定施行有機栽培。

（三）種源

1.不得使用任何基因改造之種源。

2.種源之培育過程不得使用合成化學物質。

3.合格種源無法取得時，得採用一般商業性種源。

4.種源設施不得以合成化學物質消毒，但依本章規定得使用合成化學物質處理者，不在此限。

（四）雜草控制

1.採行物理或生物防治方式、適度控制雜草之發生，不得使用合成化學物質。

2.不得使用任何基因改造生物之製劑及資材。

（五）肥培管理

1.適時採取水樣分析，瞭解肥力狀況，作為肥培管理之依據。

2.不得施用化學肥料（含微量元素）及含有化學肥料或農藥之微生物資材與複合肥料。

3.礦物性肥料應以其天然成分之型態使用，不得經化學處理以提高其可溶或有效性。

4.不得使用任何基因改造生物之製劑及資材。

（六）病害管理

1.不得使用合成化學物質及對人體有害之植物性萃取物與礦物性材

料，但依本章規定得使用之合成化學物質，不在此限。

2.不得使用任何基因改造生物之製劑及資材。

（七）收穫、調製、儲藏及包裝

1.採集後處理不得添加或使用合成化學物質，也不得以輻射處理。

2.確保有機水產植物不會受到非有機水產植物之混雜或污染，採收過程及其收穫後之調製、儲藏及包裝，均應與一般水產植物分開處理。

3.以水產品經營業者自產之有機水產品為原料進行一次加工者，得同時辦理加工過程驗證，其有害生物防治、產製過程及有機原料含量計算方式，準用本章第二部分第四點至第六點之規定。

（八）生產水產植物使用物質應符合第二章生產加工分裝流通及販賣過程可使用物質二、作物生產之規定

第六部分　水產動物

（一）一般性原則

有機水產動物養殖應以不影響自然生態平衡方式進行，符合水產動物之福祉，以健康、良好環境之管理為基本生產原則。

（二）用詞定義

1.生命週期：指出生至達上市規格所需生長期。

2.有機飼料：包含作物、加工品、副產品、配合飼料、動物性來源飼料。

3.本草療法：指使用植物萃取物或精油等調理動物健康方法。

4.順勢療法：指利用誘導增加自體抵抗力之調理動物健康方法。

5.對抗療法：使用化學合成藥品或抗生素以直接治療疾病。

（三）有機轉型期

1.由非有機養殖轉型至有機養殖，其有機轉型期間自生產者向驗證機構提出驗證申請日起算，至少需經養殖生物一個生命週期或十二個

月以上。但生產者於申請驗證前，其養殖場已採有機養殖生產，並有相關證明文件者，得向驗證機構申請縮短轉型期。

2.有機轉型期間內各生產過程不得轉換為非有機養殖。

3.生產者於有機轉型期間欲中止有機養殖驗證，應先行通報驗證機構辦理中止驗證事宜。

（四）平行生產

1.有機養殖區域與非有機養殖區域間應有明顯之區隔。

2.有機養殖區域與非有機養殖區域之文件及紀錄應分別管理。

（五）種苗來源

1.有機水產動物自出生起，應依本章規定生產管理，且種苗應來自有機生產管理之雌種魚或野生族群。

2.禁止使用以下種苗來源：

(1) 基因改造。

(2) 多倍體。

(3) 雜交。

(4) 全雌養殖。

3.中華民國一百十二年一月一日前得使用非有機種苗，惟以生命週期三分之二以上應符合本章規定生產管理為限。

4.種魚繁殖

(1) 種魚繁殖至少需經一個完整之有機生產循環，並應確保孵化前十二個月應符合本章規定生產管理。

(2) 種魚繁殖應建立養殖管理計畫，其內容包括下列事項：

　A.單位（批次）管理計畫。

　B.轉型期時間表及管理規範。

(3) 有機魚苗（卵）要求：明確區隔以防止交叉污染或其他物質混入。

（六）產製過程

1. 飼料

(1) 有機飼料及飼料添加物均應符合本章相關規定，另進口有機飼料應符合進口有機農產品審查管理辦法之規定。

(2) 生產者無法取得商品化之有機飼料及其飼料添加物時，驗證機構得驗證可行之自製有機飼料生產替代方案，方案所需飼料及飼料添加物原料須由生產者提供來源證明，其加工過程應與非有機飼料明顯區隔。

(3) 飼料應符合下列規定：

A.來源限於可持續供應之海洋生物、有機養殖之副產物。

B.動物性飼料中添加魚粉時，魚粉比例不得超過百分之二十。

(4) 任何用於有機養殖生產之飼料，不得添加下列產品：

A.合成生長促進素、賀爾蒙或誘引劑。

B.合成抗氧化劑或防腐劑。

C.合成胺基酸。

D.人工、合成或類似天然之色素。

E.非蛋白氮（尿素等）。

F. 畜禽排泄物。

G.基因改造生物與產品及原料。

H.畜產及其下腳料。

2. 疾病防治

(1) 應選擇使用適合當地環境或具抗病及寄生蟲之品種。

(2) 應使用下列資材對水體及養殖池底消毒，以預防水產動物疾病之發生：

A.生石灰。

B.沸石粉。

C.過氧化氫。

D.次氯酸鈉。

E.醋酸。

F.檸檬酸。

G.乙醇。

H.益生菌。

I.茶粕。

J.菸草。

(3) 應使用合法之疫苗接種。

(4) 有機水產品之生產者，應遵守下列事項：

A.無疾病發生時，不得使用疫苗以外之動物用藥。

B.應將疑患疾病之有機水產動物隔離並提供適當治療。

(5) 有機水產動物治療用藥應遵守下列原則：

A.優先使用具調理效果之本草療法、順式療法。

B.使用之藥品不得為化學合成藥品或抗生素。

C.倘上述治療方法無效時，可由獸醫師施用對抗療法之化學合成藥品或抗生素，並遵行下列規範：

A. 停藥時間應為法定停藥期限二倍以上。

B. 進行藥物治療時，應隔離患病之有機水產動物。

3.生長環境

(1) 養殖地點應考量養殖場周圍環境生態系統平衡及維持生物多樣性。

(2) 有機養殖生物養殖區域與非有機養殖生物養殖區域應有明確區隔。陸上養殖應保留二公尺以上之緩衝區；海水網箱養殖應保留八十公尺以上之緩衝區。但驗證機構得視各養殖場周邊狀況，調整緩衝區距離，以達區隔目的。

(3) 養殖場排放水不得對生態環境造成影響且水質應符合排放水相

關規定。

(4) 建造及管理時所使用之材料或材質，不得危害生物或環境物質。

4. 養殖管理

(1) 養殖時應避免有機水產動物脫逃造成當地生態環境衝擊，及避免其他養殖體系動物進入有機養殖場或捕食有機水產動物，並應防止養殖水產動物流入自然水體中。

(2) 得通過混養以維護生物多樣性。

5. 生產紀錄及相關文件：

有機水產動物生產者應依實際作業情形，詳實填寫紀錄，並妥善保存相關交易憑證，資料應清晰、正確，具可追溯性。紀錄內容應包括下列項目：

(1) 基本資料，包括養殖場場址、經營者姓名、住址、聯絡電話、驗證面積與地號、驗證有機水產動物種類及驗證機構等。

(2) 有機水產動物生產管理紀錄：

A. 所有經驗證進入有機生產之水產動物飼養紀錄，包括品種、來源、數量及進入日期、水質監測資料等。

B. 有機水產動物用藥之情況，包括用藥識別方式、數目、診斷內容、用藥種類劑量與日期。

C. 管理方法及水產動物產品銷售日期。

(3) 生產有機水產動物產品、飼料種類及儲藏等場所位置圖，應具備下列內容並定期更新：

A. 養殖場資訊及地號（漁業權資訊）。

B. 道路、倉庫、建築物、周圍植被及足以識別該養殖場區之主要標示物等地形地物或海上及陸上標示物。

C. 有機水產動物種類或飼料種類。

D. 所有河道、水井、溝渠及其他水源。

E. 阻絕污染設施或緩衝帶。

F. 相鄰區域狀況及作物種類。

(4) 飼料、動物用藥品、控制病蟲害或其他處理材料之來源、性質、數量、使用情況及購貨證明，應予紀錄保存。

（七）收成、活體運輸及宰殺

1. 收成時盡可能採用溫和捕撈措施，減少對有機水產動物緊迫及不利影響。

2. 運輸前或運輸過程禁止使用化學合成鎮靜劑。

3. 運輸過程中應有專人負責有機水產動物之健康狀況。

4. 活體運輸用水及裝載密度均應符合有機水產動物需求。

5. 應盡量減少運輸距離及頻率。

6. 宰殺時，應利用敲擊、電擊等物理方式進行麻醉，立即讓水產動物陷入昏迷狀態。

7. 避免活體有機水產動物直接或間接接觸已死亡或正在宰殺之有機水產動物。

8. 確保有機水產動物不受非有機水產動物之混雜或污染，收成過程及其後之調製、儲藏及包裝，均應與非有機水產動物分開處理。

有機農業

參考文獻

有機農業推動中心。2022。109 年 10 月台灣有機種植及友善耕作面積分類占比統計資料。

行政院農業委員會農糧署—農糧法規—農業資材類。2019。有機農產品有機轉型期農產品驗證基準與其生產加工分裝流通及販賣過程可使用之物質—第一章。資料來源：https://www.afa.gov.tw/cht/index.php?code=list&ids=353&mod_code=view&a_id=405

行政院農業委員會農糧署—農糧法規—農業資材類。2019。有機農產品有機轉型期農產品驗證基準與其生產加工分裝流通及販賣過程可使用之物質—第二章。資料來源：https://www.afa.gov.tw/cht/index.php?code=list&ids=353&mod_code=view&a_id=405

FiBL and IFOAM, 2020. The World of Organic Agriculture.

FiBL and IFOAM, 2022. The World of Organic Agriculture.

Reportlinker.com, July 08, 2022 (GLOBE NEWSWIRE) -"Organic Meat Products Global Market Report 2022" -https://www.reportlinker.com/p06284499/?utm_source=GNW

CHAPTER 15

有機農產品加工與行銷

一、前言

　　農產品加工的目的在於延長農產品的儲藏壽命，打破生產季節及產地區域的限制，以及提供消費者食物多樣化的選擇及方便性（Bublitz *et al.*, 2013）。對有機農民而言，生產與行銷一樣重要。尤其有機生產成本較高，若無適當的行銷通路及策略，不得不以一般農產品價格出售時，將導致虧損甚至停止生產（黃璋如，2004）。

　　有機農業是促進農產業永續發展的基石，也是維護農產品食安與環境生態保護的重要產業。然而有機農業的實體成果之一：「有機農產品」，不論其是生鮮亦或是加工產品，就銷售過程與商品化觀點，其皆存在如同其他農產供銷一樣，農產生產者與供銷參與者，可能憑著本身所擁有的資源、能力與經驗，及考量相關市場競爭條件，評估選擇最適合作之銷售點及通路商，執行相關運（行）銷職能和進行交易活動。亦即，有機農產品皆存在如何流通供應，及如何有效銷售之課題（林豐瑞，2021）。

　　有機農產品的種類除農民或農民團體將其有機栽培作物採收後不經任何處理即直接販賣出去外，其餘均應歸類於農產加工品的範圍內。國際有機農業運動聯盟對有機產品加工之定義包括：保鮮、加工及包裝等項（IFOAM, 1994）。所謂有機農產品之加工，係指以新鮮採摘下來的有機農產品為原料，經過完全沒有合成化學藥劑參與的清洗、分級選別、去除不可食部、截切、殺菁或烹煮等調理、加工、包裝、儲藏的步驟而言（區少梅，2001）。而我國行政院農業委員會於 92 年 9 月修訂公告之「有機農產品管理作業要點」中第 14 條亦明訂有機農產品之生產、調製、儲藏、行銷、加工及銷售過程，均應符合有機農產品管理作業要點及各項有機農產品生產規範之規定（王鐘和，2005）。

二、有機農產品加工的重要

現階段國內有機農產品大都是以生鮮狀態販售的占絕大多數，一般而言種類較少，且因生產成本較傳統栽培之農產品高，生產者侷限於農民或農民團體為多，因個別農場的產量並非十分龐大，較不具加工的迫切性，故將有機農產品製成加工品甚為稀少（陳祈睿，2014；許輔等，2014；林豐瑞，2021）。的確，相較於其他國家，我國有機農業起步較晚，雖說農政單位已積極推動有機農業的發展，但在有機農產品加工法規制度之訂定，及相關技術的推廣方面則仍有待加強。也因此大部分的有機農產品，仍侷限在鮮食市場。除民間部分果農已利用所生產之有機水果釀製成水果酒、水果醋，以及有機栽培的茶葉製成有機茶（劉建宏與區少梅，2009），此外，尚有有機米的小包裝販售等，較少看到市售加工品，標示為有機農產加工品。可見臺灣地區有機栽培生產的有機農產品，加工調製之情形並不普遍。然而，為因應未來有機農產品大幅增加，可能造成產銷失衡的問題，加速有機農產品加工規範的訂定及技術的推廣與輔導，甚為重要。也可使有機農戶合法地生產優質安全的有機農產加工品（王文良，2014）。

因為農產品經加工調製後，可以增加儲藏力及減少浪費，特別是有季節性及地域性的農作物，在盛產期或區域性的生產地，常因供過於求，價格低落，此時如能加以製造儲藏，以延長出售時期，既可達到調節市場供應，又具有穩定農產品價格之效果（何嘉浩，2017；石郁琴，2019）。

三、有機農產品加工要領

市面上的各種加工食品常很容易被加上精製、高糖、高鹽、高油等字眼，讓消費者拒絕購買。事實上，食品加工大多數均係以物理的方法處理，例如：以加熱來殺滅有害病菌及腐敗菌達到儲藏目的，例如罐頭製造，並不是如一般傳言需加防腐劑才有那麼長的儲藏期；以急速冷凍法將食品冷凍並在零

下 20℃低溫凍藏，使微生物不能存活或生長的冷凍食品，可以保留住食品的新鮮；以乾燥除去食品的水分，讓微生物無法生存的乾燥食品；以壓榨方式將蔬菜或水果的汁榨出來，經瞬間殺菌與包裝製成果汁等（賴滋漢與金安兒，1990，1991；江伯源，2021）。另外，以高鹽醃製蔬菜，因高滲透壓使得微生物不能存活（陳正敏與李穎宏，2007）；部分高酸不利鮮食的水果則以高糖糖漬後，因水活性降低，讓微生物不能生長繁殖，而達到儲藏目的；以及利用微生物釀製酒、醋、醬油等亦都屬之（陳鴻章等，1996）。

　　確實有少部分加工業者雖然加入合法之食品添加物，包括色素、香料、調味劑、營養補充劑、防腐劑、抑菌劑等，但因添加量超過規定用量，或者添加不合法的物質也偶有所聞。當然，針對有機農產品之加工品，則必須嚴格加以篩選才行。化學藥劑之添加物絕對禁止使用是必然的條件。隨著國民生活水準之提升，健康意識的抬頭，高鹽、高糖、高膽固醇等之產品均讓消費者裹足不前。因此，過去為了原料儲藏之需要加高鹽，或為了降低成品之水活性讓微生物不能生長繁殖，加高糖之糖漬鹽醃的傳統加工方法，已不合時代的要求，進而需改以低糖或低鹽的方式進行加工，仍然可以製成讓消費者滿意的成品（羅淑卿與謝寶全，2005）。

　　有機農產品因無化學物質殘留之問題，因此除了傳統烹調法煎煮炒炸外，更有多樣性的生食法，保留了更多易受熱破壞流失的營養素。目前市面上有發展多樣有機農產加工品，有別於傳統食用法，如蔬果純汁、蔬果果凍、蔬果冰淇淋，甚至有蔬果濃縮粉、蔬果養樂多（乳酸飲料）等。目前有機農產品可發展各種多樣化的加工品，舉例如下：(1) 蔬果：蔬果汁、精力湯、牧草汁、水果醋、水果果汁、水果果凍、水果果醬、醬菜。(2) 穀類：飯、粥、麵條、碗粿、包子、饅頭、糕餅、餅乾。(3) 酒類：水果、穀類等各種有機農產品釀造成之有機酒（江伯源，2018）。

　　農委會為落實第六次全國農業會議決策：建構農產品生產到初級加工一元化管理制度，提升農產品附加價值，強化農產加工品衛生安全，確保農家收益。從事農業產品初級加工之農民、農民團體，多屬小型、簡易加工之業態，

不易取得工廠登記，輔導納入「農產品初級加工場」管理，包括農、漁及林產業（行政院農業委員會，2020）。分級管理，衛生安全不降級，完全管理體系，提高市場接受度（林姵君，2018）。依《有機農業促進法》驗證合格之加工品（有機加工驗證），但不包括醃漬、發酵、製糖、植物油脂之萃取及精煉等高風險或高污染加工方式。

蔡永祥（2021）指出農產品初級加工制度之推行，具有增加農友販售品項、提升農產品附加價值及提高農友收入等功效（圖一）。

農產品初級加工制度

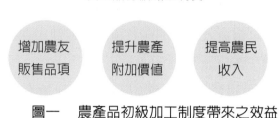

圖一　農產品初級加工制度帶來之效益

（蔡永祥，2021）

四、有機農產品之行銷

臺灣目前有機農產品之主要行銷管道包括：有機商店、超市有機專櫃、定期宅配、農場，以及有機餐飲等。近來有業者將傳銷方法引入有機農產品市場，是值得觀察的一種新興宅配方式。由於電子商務及宅配送貨（如宅急便）的興起，以網路銷售的方式將值得吾人重視，因有機消費者與網路使用者之特性相似，其所得較高、學歷偏高且偏好方便，因此網路訂貨、付款，以及宅配送貨等之便利性都將獲得網路使用者之青睞（黃璋如，2004）。

董時叡（2012）指出目前有機農產品之行銷管道主要有直銷（含自送、宅配、農產銷售、展售會、自行開店和市場自售等）、透過消費群體（銷售點）、透過銷售組織和透過中介服務組織銷售等，直銷的方式相對上價格較高，但是量較小，運輸成本亦較高；而透過仲介服務組織銷售，雖然可以有較

大的出貨量，運輸成本亦較低，但銷售價格較低；透過消費群體和透過銷售組織的成本和價格則是居中的。

有機農產品之行銷，以定期宅配客戶之忠誠度最高且市場成長穩定，其終生消費之性質對業者商機有極大的意義，因此應加強客戶服務與連繫。未來則應以電子商務拓展宅配市場，提供其選擇產品之便利，以提高消費者之滿意度並進而長期消費。

有機農產品之消費者重視食品安全衛生與環境保護，且所得及教育水準稍高，因此對有機農業、營養健康、食品安全等資訊需求大，業者應加強驗證單位及生產者等相關資訊之提供，但不必也不宜過度重視有機農產品之外觀與大小，或宣稱有機農產品之醫療效果；開辦各種飲食或健康課程或有機農產巡禮等，亦頗受消費者歡迎（黃璋如，2004）。

有機農產品專賣店的經營是有機農產品最好的行銷方式，但是要有適當的行銷策略配合，才會有成功的機會，目前最好最有效的行銷策略是：(1) 深度解說；(2) 聯合展售；(3) 有機教育；及 (4) 加強宣導。如果能夠將「有機農特產品的宣導教育」當作全民的一種運動，由政府與全民一致努力，那不只有有機農特產品的市場得以發展，全國人民的身心健康將更加能得到保障（江榮吉，2001）。

所謂深度解說就是對消費者提供有關有機農產品的詳細資訊，諸如產品的品質、性質、營養成分、與非有機產品的差異、生產及加工製造過程、與其他有機農產品的配套食用等，這些資訊都是讓消費者對有機農產品產生信心的最好方法。

一般有機農產品的生產者都是只生產某一種或某一類的產品及其加工品，因此很難滿足消費者的需求，因為消費者需要營養的平衡，所以最好一次購買多種農特產品。為了滿足消費者這種一次購足的方便，有機農友除積極參加有機農夫市集，直接接觸消費者外，應該經常找不同的場合舉辦之有機農特產品的聯合展售，藉各種節慶假日、配合各種迎神賽會、選舉活動、運動大會、專業展售會、食品展售會等，只要有機會就參與展售，當然參與展售是要

考慮成本的（江榮吉，2001）。

目前很多單位或業者都在設法讓學生或一般的民眾有機會去體驗農業，去認識農業，有機農友可以將自己的有機農場作成「有機農產品體驗教育農園」，讓消費者能親自到園中來體驗整個有機農產品生產與加工製造的「有機過程」，讓消費者有 DIY 的親身體驗，讓他們有親自製造「有機農產品」的體驗，如果他們有過這種親身體驗的經驗，他們將成為「有機農產品」的最忠誠消費者（王鐘和，2021）。

大部分的個別農民，尤其是年紀較大的農民，只知道生產，而不知道如何去行銷自己所生產的農產品。目前消費者對農產品的品質與安全性要求甚高，為滿足消費者的需求，除了完全依循「有機農產品驗證基準」之規定生產外，將詳細的生產紀錄加以資訊化，供消費者參閱，可促進銷售。另外，建立網路銷售平臺，進行更多元化行銷方式。並可將農場內因環境生態改善而產生之複雜動植物的生態影像及農場內經營活動的紀錄影片，放在網路上與消費者分享，均有促銷的效果。目前農政單位推行之農產品產銷履歷驗證也是具有特色及區隔的驗證系統，長遠著想，有機農業結合產銷履歷驗證，將可有更大的發展潛力。

五、「有機農產品暨有機轉型期農產品驗證基準與其生產加工分裝流通及販賣過程可使用之物質」中之第一章第二部分加工、分裝及流通及第二章生產加工分裝流通及販賣過程可使用物質一、加工、分裝、流通及販賣（民國 108 年 6 月 5 日頒布）

網址：https://www.afa.gov.tw/cht/index.php?code=list&ids=353&mod_code=view&a_id=405

（一）適用範圍

　　1.加工：對有機原料進行加熱、乾燥、燻製、混合、研磨、製錠、攪拌、分離、蒸餾、抽出、發酵、醃漬、脫水、脫殼、碾製、冷凍或其他足以改變原產品理化性質或具實質轉型之製造程序。

　　2.分裝：對有機原料進行選別、洗淨、分切等作業，其過程不應改變原產品之理化性質。

　　3.流通：

　　　(1) 改變有機農產品及有機轉型期農產品之原包裝或原標示，致影響農產品有機完整性之過程。

　　　(2) 委託農產品經營者生產、加工、分裝、流通有機或有機轉型期農產品，並以委託人或定作人為有機農業促進法第十八條第一項第三款所定農產品經營者之標示。

（二）從業人員要求：應指定特定製程管理人員，該人員應每年接受至少四小時或每三年接受至少十二小時有機產品相關操作訓練，並由該人員負責主要製程之管理業務，且驗證機構稽核時，該人員應全程參與。

（三）環境條件

　　1.生產廠（場）周圍不得存在有害氣體、輻射性物質、擴散性污染源、垃圾場及有害生物大量孳生之潛在場所。

　　2.應制定衛生及廢棄物管理計畫，以維持設施、設備及場地清潔。

（四）有害生物防治

　　1.優先採取下列預防措施：

　　　(1) 清理有害生物棲息地、食物來源和繁殖區域。

　　　(2) 防止有害生物進入加工設施及設備。

　　　(3) 控制環境條件。例如：阻止有害生物繁殖之溫度、溼度、光照和空氣循環等。

　　2.採行生物性、物理性或機械性之控制措施。例如：利用性費洛蒙、

誘蟲器、黏紙板或利用太陽能之消毒等。

3.若前述預防或控制有害生物之措施無效，則可使用第二章生產加工分裝流通及販賣過程可使用物質一、加工、分裝、流通及販賣（一）防治有害生物可使用物質及（二）清潔消毒可使用物質，或提交有害生物防治計畫送驗證機構確認符合規定後，始得實施，惟該計畫不得使用輻射、燻蒸劑處理及含基因改造生物之製劑、資材。使用之製劑、資材不得與有機原料及最終產品直接接觸。

（五）產製過程

1.操作者應採取必要的措施防止有機與非有機產品混淆，及避免有機產品與禁用物質接觸。

2.應於獨立之場所產製有機產品。若產製場所與一般產品共用者，其設施、設備及場地必須徹底清洗，並以時間作明確區隔，依序產製有機及一般產品。

3.宜採生物、物理或機械方式進行產製，選用方法以能維持有機產品的天然成分及其營養價值者為原則。

4.產製過程中不得使用輻射處理、燻蒸劑及含有或會產生有害物質之過濾設備。

5.產製過程所產生之廢棄物應對生態環境不構成負面影響。

6.原料、食品添加物及其他物質之使用應符合下列規定：

(1) 同一種原料不得同時以有機、有機轉型期及非有機來源者混合使用。

(2) 允許使用第二章生產加工分裝流通及販賣過程可使用物質一、加工、分裝、流通及販賣（三）可使用之食品添加物及（四）其他可使用物質所列之可使用物質，惟其使用量應為產製所需之最小量，並依規定原則使用。

(3) 產製過程使用之水及食鹽須符合飲用水水質標準及相關衛生標準。

(4) 除第二章生產加工分裝流通及販賣過程可使用物質一、加工、分裝、流通及販賣（三）可使用之食品添加物及（四）其他可使用物質所列可使用物質、法律規定應使用，或產品營養成分中嚴重缺乏，經驗證機構同意使用者外，禁止使用礦物質（包含微量元素）、維生素、胺基酸及自動、植物分離之純物質。

(5) 禁止使用含有基因改造生物之原料、食品添加物及其他物質。

(6) 可取得有機原料時，不得使用非有機原料生產；無法取得有機原料時應使用具相同功能之其他有機原料；無法取得具相同功能之其他有機原料時，始得使用非有機之天然原料。有關能否取得有機原料，由驗證機構依農產品經營者提供之配方、相關網站資訊等事實逐行判定，經驗證機構確認符合規定後，始得使用非有機原料。

（六）有機原料含量計算方式如下：

1. 固體形式產品：以產品中有機原料總重量（不包含水和食鹽）除以總原料重量（不包含水和食鹽）。

2. 液體形式產品：以產品中有機原料總容積（不包含水和食鹽）除以總原料容積（不包含水和食鹽）。產品如係濃縮液還原而成，應將濃縮液原料之濃度納入計算。

3. 固液氣混合產品：以產品中有機原料總重量（不包含水和食鹽）除以總原料重量（不包含水和食鹽）。

4. 以四捨五入取整數方式表示。

第二章、生產加工分裝流通及販賣過程可使用物質

一、加工、分裝、流通及販賣

（一）防治有害生物可使用物質

名稱	限用條件
1. 植物浸出液或天然抽出液 （Aquatic Plant Extracts） (1) 苦楝（Neem Seed） (2) 香茅（Lemongrass） (3) 萬壽菊（African Marigold）	
2. 硼酸（Boric Acid）	限用於容器。
3. 矽藻土（Diatomaceous Earth）	限用於保護設施之病蟲害防治。
4. 石灰、石灰硫磺合劑（Lime Sulfur Mixture）	
5. 非基因改造之微生物製劑（如蘇力菌、枯草桿菌、液化澱粉芽孢桿菌、蟲生真菌、病毒等）〔Non-GMO Microbial Pesticides which Consist of Bacteria (eg. Bt, Bs, Ba), Entomopathogenic Fungi and Viruses〕	禁用外生毒素。
6. 除蟲菊萃取物（Pyrethrum Extract）	
7. 重碳酸鈉（Sodium Bicarbonate）	

（二）清潔消毒可使用物質

名稱	限用條件
1. 酒精類（Alcohols） (1) 乙醇（Ethanol） (2) 異丙醇（Isopropanol）	限作為清潔劑，依規定使用。
2. 含氯物質（Chlorine Materials） (1) 次氯酸鈣（Calcium Hypochlorite） (2) 二氧化氯（Chlorine Dioxide） (3) 次氯酸鈉（Sodium Hypochlorite） (4) 次氯酸水（Hypochlorous Acid Solution）	限作為清潔劑，依規定使用。
3. 不含殺菌劑之肥皂（Fungicide-Free Soap）	
4. 磷酸（Phosphoric Acid）	限作為清潔劑，依規定使用。
5. 氫氧化鈉（Sodium Hydroxycide）（鹼液、片鹼、苛性鈉）	限作為清潔劑，依規定使用。

名稱	限用條件
6. 過醋酸（Peracetic Acid, Peroxyacetic Acid）	限作為清潔劑，依規定使用。

（三）可使用之食品添加物

名稱	限用條件
1. 　(1) 海藻酸（Alginic Acid） 　(2) 海藻酸鈣（Calcium Alginate） 　(3) 海藻酸鉀（Potassium Alginate） 　(4) 海藻酸鈉（Sodium Alginate）	
2. 　(1) 碳酸銨（Ammonium Carbonate） 　(2) 碳酸氫銨（Ammonium Bicarbonate） 　(3) 碳酸氫鈉（Sodium Bicarbonate）	限作為膨脹劑。
3. 皂土（Bentonite）	
4. 棕櫚蠟（Carnauba Wax）	
5. 　(1) 碳酸鉀（Potassium Carbonate） 　(2) 碳酸鈣（Calcium Carbonate） 　(3) 碳酸鎂（Magnesium Carbonate） 　(4) 碳酸鈉（Sodium Carbonate） 　(5) 無水碳酸鈉（Sodium Carbonate, Anhydrous）	限使用於穀類製品。
6. 　(1) 氯化鎂（Magnesium Chloride） 　(2) 粗海水氯化鎂（鹽滷）（Salt brine, Bittern） 　(3) 氯化鈣（Calcium Chloride） 　(4) 氯化鉀（Potassium Chloride）	限使用由海水提煉者，並限作為凝固劑使用於豆類製品。
7. (1) 檸檬酸（Citric Acid） 　(2) 檸檬酸鈣（Calcium Citrate） 　(3) 檸檬酸鉀（Potassium Citrate） 　(4) 檸檬酸鈉（Sodium Citrate）	限由果實取得或由碳水化合物等天然原料發酵而得者。
8. 硫酸（Sulfuric Acid）	限使用於製糖、明膠生產。

名稱	限用條件

9.
 	
  (1) 硫酸鈣（Calcium Sulfate）
 	
  (2) 硫酸鎂（Magnesium Sulfate）
	限使用天然來源者。

10. 亞硫酸鹽（Sulfite）	限使用於葡萄酒、果酒，用量以二氧化硫 SO_2 殘留量計為 100 ppm 以下。

11.
 	
  (1) 磷酸氫鈣（Calcium Phosphate, Dibasic）
 	
  (2) 磷酸二氫鈣（Calcium Phosphate, Monobasic）
 	
  (3) 磷酸鈣（Calcium Phosphates, Tribasic）	

12. 鹿角菜膠（Carrageenan）	
13. 酪蛋白（乾酪素）（Casein）	限使用於製酒、肉品加工。
14. 矽藻土（Diatomaceous Earth）	限使用於食品製造加工吸著或過濾。
15. DL- 蘋果酸（羥基丁二酸） 〔DL-Malic Acid (Hydroxysuccinic Acid)〕	
16. 生育醇（維生素 E） 〔DL-α-Tocopherol (Vitamin E)〕	
17. 酵素（Enzyme）	1. 限由可食性無毒植物、非病原性菌或健康動物產出者。 2. 限使用未經有機溶劑處理者。

18.
 	
  (1) 反丁烯二酸（Fumaric Acid）
 	
  (2) 反丁烯二酸一鈉（Monosodium Fumarate）	

19. 葡萄糖酸 δ 內酯（Glucono-δ-Lactone）	
20. 甘油（Glycerol）	限使用由油脂水解製造者。
21. 過氧化氫（Hydrogen Peroxide）	限作為殺菌劑。

名稱	限用條件
22. (1) L- 抗壞血酸（維生素 C） 〔L-Ascorbic Acid (Vitamin C)〕 (2) L- 抗壞血酸鈉（Sodium L-Ascorbate）	
23. 乳酸（Lactic Acid）	
24. 乳酸鈣（Calcium Lactate）	
25. 珍珠岩粉（Perlite）	
26. 單寧酸（Polygalloyl Glucose, Tannic acid）	
27. (1) 酒石酸（Tartaric acid） (2) 酒石酸氫鉀（Potassium Bitartrate） (3) 酒石酸鈉（D&DL-Sodium Tartrate）	
28. (1) 氫氧化鉀（Potassium Hydroxide） (2) 氫氧化鈉（Sodium Hydroxide） (3) 氫氧化鈣（Calcium Hydroxide）	1. 限作為 pH 調整劑，使用於糖類加工品或穀類加工品。 2. 禁止用於蔬果的鹼液剝皮。
29. 二氧化矽（Silicon Dioxide）	
30. 滑石粉（Talc）	
31. 玉米糖膠（Xanthan Gum）	
32. 羥丙基甲基纖維素 （Hydroxypropyl Methylcellulose）	限作為膠囊材料。

（四）其他可使用物質

名稱	限用條件
1. 阿拉伯樹膠（Arabic Gum）	應符合食品原料阿拉伯樹膠規格標準。
2. 電石氣（Acetylene）	
3. 活性碳（Activated Charcoal）	
4. 瓊脂（Agar）	限使用未經漂白處理者。
5. 蜂蠟（Bee Wax）	限作為離型劑。
6. 二氧化碳（Carbon dioxide）	
7. 木炭灰（Charcoal Ash）	

名稱	限用條件
8. 天然玉米澱粉 〔Corn Starch (Native)〕	
9. 乙醇（Ethanol）	
10. 乙烯（Ethylene）	以加工助劑方式使用。
11. 明膠（Gelatin）	
12. 關華豆膠（Guar Gum）	
13. 白陶土（Kaolin）	
14. 卵磷脂（Lecithin）	液體者限使用未經有機溶劑處理者。
15. 刺槐豆膠（Locust Bean Gum）	用於畜產加工品時，限使用於乳製品及肉品加工。
16. 天然食用色素（Natural Colors）	
17. 天然香料（Natural Flavors）	
18. 天然酵母（Natural Yeast）	
19. 氮（Nitrogen）	限使用非石油來源、無油級者。
20. 氧（Oxygen）	限使用無油級者。
21. 臭氧（Ozone）	限作為清潔消毒用途。
22. 果膠（Pectin）	限使用非醯胺化者。

二、作物生產

（三）生長調節、收穫、調製、儲藏及包裝可使用物質

產製過程使用合成化學物質處理或經化學反應改變原理化特性之物質及化學合成物質，除下列規定者外，禁止使用：

名稱	限用條件
1. 乙烯 2. 電石氣（乙炔） 3. 二氧化碳 4. 氮氣 5. 乙醇（酒精）用	酒精限非工業用。

六、結論

　　有機農產加工品的生產,從原料生產開始,一直到加工完成需要使用95%以上的有機原料,因此較傳統加工產品要求較高層次的生產及加工技術。目前雖然有機農產加工品占有市場比率不高,相信在政府和民間共同配合及努力之下,未來將可陸續開發更多新產品,臺灣的有機農業將可邁入生產優質安全有機農產加工品的境界,有機農產品加工品的市場必然大幅成長。透過新產品的研發及開拓,進而發展更高品質、有特殊風味的加工食品。透過多元管道的行銷及電子商務的快速發展,將使眾多的消費者對有機農產品與有機農產加工品更有信心及喜愛,甚至進一步大量外銷至世界各國,不但可增加有機栽培農戶的收入,且期維護國人健康與環境生態平衡。

參考文獻

王文良。2014。我國有機農產加工品法規與產業發展。行政院農業委員會花蓮區
　　農業改良場編印。P.1-10。

王鐘和。2005。有機農業面面觀（三十三）有機農產品加工之重要性。農業世界
　　第 267 期。P.47-49。

王鐘和。2021。台灣有機農業的內涵與發展策略及願景。有機農業產銷技術研討
　　會。台灣有機產業促進協會編印。P.1-12。

石郁琴。2019。臺南地區重要農產品加工現況及銷售通路之研究。臺南區農業改
　　良場研究彙報。第 73 期。P.77-89。

江榮吉。2001。有機農產品之行銷策略。有機農業產品之產銷研討會專刊。中華
　　永續農業協會編印。

江伯源。2018。有機農產品加工技術面面觀。有機農業產銷策略研討會專輯。台
　　灣有機產業促進協會編印。P.187-224。

江伯源。2021。有機農產品加值化加工與創新應用。有機農業產銷技術研討會專
　　輯。台灣有機產業促進協會編印。P.155-164。

行政院農業委員會農糧署—農糧法規—農業資材類。2019。有機農產品有機轉
　　型期農產品驗證基準與其生產加工分裝流通及販賣過程可使用之物質—第一
　　章。資料來源：https://www.afa.gov.tw/cht/index.php?code=list&ids=353&mod_
　　code=view&a_id=405。

行政院農業委員會農糧署—農糧法規—農業資材類。2019。有機農產品有機轉
　　型期農產品驗證基準與其生產加工分裝流通及販賣過程可使用之物質—第二
　　章。資料來源：https://www.afa.gov.tw/cht/index.php?code=list&ids=353&mod_
　　code=view&a_id=405

行政院農業委員會。2020。農產品初級加工管理辦法（民國 109 年 03 月 26 日頒
　　布）。

何嘉浩。2017。農產加工，食品安全先於商業化—農業多元化經營趨勢正盛，應
　　正視食品加工專業。豐年雜誌。第 67 卷第 12 期。P.14-20。

林姵君。2018。小農初級加工時代正式來臨！由農委會管轄，領「工場登記證」等同「工廠登記」。網址：https://www.newsmarket.com.tw/blog/114067/

林豐瑞。2021。有機農產品流通供應與整合行銷發展趨勢探討。有機農業產銷技術研討會專輯。台灣有機產業促進協會編印。P.165-186。

區少梅。2001。包種茶感官品質之分析。台茶研究發展與推廣研討會專刊。桃園。臺灣。P.73-83。

許輔、黃鵬、楊大吉。2014。我國與各國有機加工產業之發展策略。農政與農情第 269 期。

陳鴻章、顏裕鴻、張志豪。1996。低鹽小黃瓜漬物製造技術之研究。84 年度蔬果加工產品研究成果彙編。食品工業發展研究所。P.184-229。

陳正敏、李穎宏。2007。高麗菜醃漬中鹽濃度對微生物與產酸的影響。高雄區農業改良場研究彙報。第 15 卷第 3 期。P.52-64。

陳祈睿。2014。發現臺灣農業競爭力─建構新價值鏈農業，擴大農業加值與版圖。農政與農情。第 260 期。

黃璋如。2004。有機農產品市場行銷。有機農業論壇，行政院農業委員會花蓮區農業改良場。P.37-42。

董時叡。2012。有機農產品行銷與農夫市集。農業生技產業季刊。第 32 期。P.60-63。

劉建宏、區少梅。2009。有機茶與非有機茶之鑑別。中國茶葉學會第三屆海峽兩岸茶葉學術研討會。P.314-327。

蔡永祥。2021。農產品初級加工場管理辦法暨相關規範。有機驗證法規講習會。台灣有機產業促進協會編印。

賴滋漢、金安兒。1990。食品加工學─基礎篇。精華出版社。

賴滋漢、金安兒。1991。食品加工學─方法篇。精華出版社。

羅淑卿、謝寶全。2005。低鹽辣椒醬之研發。台灣農業研究。54：135-149。

Bublitz, M. G., L. A. Peracchio, A. R. Andreasen, J. Kees, B. Kidwell, E. G. Miller, and B. Vallen. 2013. Promoting positive change: Advancing the food well-being paradigm. *Journal of Business Research*, 66(8), 1211–1218. https://doi.org/10.1016/

j.jbusres.2012.08.014

IFOAM. 1994. "10th International Organic Agriculture IFOAM". International Organic Agriculture IFOAM Conference.

CHAPTER 16

有機農業的教育與推廣及未來展望

一、前言

　　為促進有機產業的發展，目前政府除推動各項補助與獎勵措施外，同步協助有機栽培農地之取得、建立有機集團栽培區與促進區、提升有機農業科技研發與推廣、拓展有機農產品行銷、推動雙邊有機同等性與增進有機產業境外商機等加速有機產業的發展（農糧署，2022）。

　　目前依據《有機農業促進法》第 4 條至第 10 條之規定，政府推動有機農業之相關政策及輔導措施如下（資料來源：農糧署農業資材組有機農業科，2022）：

第四條　擴大有機農業範圍，維持有機農產品第三方驗證
　　　　1. 主管機關應推廣符合友善環境要求之有機農業。
　　　　2. 前項主管機關應推廣之有機農業，包含未經驗證之友善環境耕作。
註：　　第三條　　有機農產品指符合驗證基準，並經依本法規定驗證合格。
　　　　第十六條　農產品經驗證合格者始得以有機名義販賣。

第五條　有機農業促進方案

(一) 諮詢	1. 每四年滾動檢討。	2. 報請行政院核定後實施。
外部意見	3. 各級主管機關寬列預算。	
(二) 有機農業	1. 提供產業獎補助措施	2. 擴大有機經營土地。
促進方案	3. 拓展有機產品行銷。	4. 提升有機科研動能。

第六條　開發設置有機農業促進區
　　　　1. 政府開發設置，並鼓勵民間參與。
　　　　2. 公有土地或國營事業土地優先設置。
　　　　3. 建構基準工程及產銷設施。
　　　　4. 區域內慣行農友須採取必要措施，以避免妨礙鄰田有機生產。
　　　　5. 優先輔導慣行農友轉型。

第七條　　主管機關提供獎補助措施

　　　　1. 有機農業促進區優先協助、獎勵。

　　　　2. 農產品經營者承租公有土地或國營事業土地作有機農業使用。

　　　　　(1) 租期保障：十年以上二十年以下之保障，不受國有財產法第四十三條有關租期之限制。

　　　　　(2) 租金優惠：中央主管機關訂定租金優惠、租期保障及相關土地承租履約管理辦法。

第八條　　有機農業產銷資訊平臺

(一) 網路產銷資訊　1. 有機資材、種苗資訊。

　　　　　　　　　2. 驗證機構驗證資訊。

　　　　　　　　　3. 有機農業生產、行銷資訊。

　　　　　　　　　4. 進口審查合格有機農產品資訊。

(二) 網路平臺　　1. 減少有機農產品經營者投入有機農業之摸索。

　　　　　　　　2. 提高主管機關管理境內境外驗證機構之效率。

　　　　　　　　3. 拉近消費者與生產者之距離。

第九條　　擴展有機農產品行銷管道

(一) 網路平臺　　輔導有機農產品經營者設置網路資訊平臺。

(二) 農民市集　　輔導機關（構）、團體或企業成立農民市集，提供銷售有機農產品之管道。

(三) 契作　　　　輔導相關機關（構）、團體或企業優先採用在地有機農產品。

第十條　　有機農業科研及教育訓練

　　　　1. 進行有機農業科技技術研發，提供資訊及人員培訓。

　　　　2. 鼓勵所屬人員參加有機農業相關教育訓練。

　　　　3. 參加國際間有機農業相關資訊、技術、人員之交流。

二、目前仍可加強之面向

　　建議如能針對下列幾點加強推行，應可加快有機農業的發展，早日達到有機農業國的目標。

（一）強化政策法規制度面

1. 適時審定現有之有機農業法規，不合時宜之規定應適度修改。

2. 提升現有主管有機農業單位之層級；現階段負責有機農業的主管單位為農糧署農業資材組有機農業科，建議至少提升達組以上之編制及人力，並編列充足經費，加速推動有機農業。

3. 加強與國外有機認驗證機構合作，促使各國承認我國有機產品，擴大國內有機產品外銷機會。

（二）扎根教育宣導面

1. 增加有機農業宣導經費，擴大宣揚有機農業對於降低環境污染、減少溫室氣體排放、減少能源與資源消耗的助益，以及對人類健康的好處，讓國民了解有機農業的意義及貢獻。

2. 編印適宜各級學校學生及社會人士閱讀之有機農業教材，教育及宣導正確的有機農業理念，厚植有機農業發展的基礎。

（三）擴化生產面

1. 提升生產技術

　　(1) 編列充足預算，加強研發有機農業生產技術及資材提供農民應用，協助解決有機農業生產所遇到之問題。

　　(2) 積極辦理各項生產技術研討（習）會、講習班及觀摩會，提升農友經營能力。

2. 強化生產條件

　　(1) 鼓勵農民及年輕人從事有機農業，協助提升經營效率。

(2) 擴大輔助有機集團栽培，加速開放國有土地，供農民及年輕人申請使用。活化休耕田從事有機栽培。

(3) 加強輔導及補助小規模經營之有機農友成立產銷班及產銷合作社，提升生產及銷售效率。

(4) 協助有機產品加工，提升獲利能力。或輔導轉型成具地方文化特色之休閒有機農場，增加競爭力。

(5) 持續補助驗證費用及生產資材，減輕有機小農負擔。

（四）銷售面

1. 鼓勵集團栽培或者協助有機小農間組成產銷策略聯盟，提升產銷效率，減輕經營成本，降低售價，增加社會大眾對於有機農產品的接受度。

2. 鼓勵及輔導建立有機產品的網路銷售平臺，於各鄉鎮公有場地廣設有機產品銷售據點，鼓勵在地生產在地行銷。

3. 鼓勵公私立機構、學校團繕採用有機產品。

4. 政府積極協助有機產品海外銷售市場的開拓。

（五）加強不正確觀念的導正

目前尚有一些人認為推行有機農業必然會造成大幅減產，導致嚴重糧荒，因而對有機農業存疑與排斥。事實上因為有機栽培技術的改進，有機農田的生產力已大幅提升。John 和 Jonathan（2016）指出有機農場經營初期應重視有機質肥料的施用，積極培育優質的土壤及種植多樣化的各類作物與導入禽畜動物的飼養，配合各農場之圍籬及周邊植物的多樣性，建構複雜生物歧異化的生態系統，藉由生物控制系統，而免除了雜草及病蟲的危害，使得有機農田的產量已達到與慣行栽培擁有相同的水準了。尤其在氣候變遷日益嚴峻的現今，有機農業甚為重要；有機農田孕育優質的土壤，在乾旱季節時，土壤保有較多的有效水，而在雨水太多時，則有較強的排水能力，均使得有機作物生育較健壯，擁有更高的忍受性及適應性，因而會比慣行栽培有較高的產量。

（六）全面推動有機食農教育

為了讓更多社會人士認識有機農業，進而支持有機產品。除了加強對消費者宣導外，政府應寬列經費補助現有四千多個有機農場中有經驗、有熱誠的農友，參與有機食農教育。除了提供農場作為有機食農教育場地，更可進入各級校園伴隨師生推行有機農耕，扎根有機理念，加速有機食農教育。

（七）政府機關應帶頭分階段實施有機農業

政府應補助全國各農業試驗改良場所與有農學院的大學設立「有機農業研究與示範中心」，精進臺灣有機農業技術研發，培育有機農業人才，提升有機產業經營能力及水準。所謂「眼見為憑」，除了研究外，並作為推廣教學示範的場域。此外，全國各公有地應帶頭分階段停止施用化學物質，逐步邁入有機化，加快達成有機國的目標。

（八）全面推動有機原鄉

臺灣因區域不同及海拔高低的差異而擁有熱帶、亞熱帶、溫帶及寒帶等不同氣候帶，孕育多樣化動植物物種與高度歧異化的生態環境。尤其位處臺灣山區的各個原鄉有著豐富的生態及物種資源，並具國土保安與水源涵養的重要功能，因此政府應該透過各種補助與輔導措施，優先的協助原鄉全面實施有機農業。

（九）全面推動有機休閒農場

休閒農業係指利用田園景觀、自然生態及環境資源，結合農林漁牧生產、農業經營活動、農村文化及農家生活，提供國民休閒，增進國民對農業及農村體驗為目的之農業經營（王鐘和等，2006）。既然休閒農場提供國人休閒遊憩的場所，基於維護國人的健康，休閒農場全面申請有機驗證是必要的。有機農業融合休閒農業形成優質安全且有鄉土特色的休閒有機農業，不但可以造福國人，也可以吸引大量外國觀光客，促進觀光產業的發展。

三、加速建立有機種子與種苗生產技術與供銷體系

鑒於近年來國際上有機農業的蓬勃發展，研發適宜有機栽培的種子及種苗實有其迫切性，國際上有許多國家也陸續投入有機育種的研究工作。歐盟於 2007 年通過之 (EC) No 834/2007 法第 12 條 (i) 規定有機栽培必須使用前一代用有機管理的母本所生產的種子，營養繁殖的作物至少一代親本亦須用有機管理，多年生作物親本至少須兩個生長季節用有機管理。第 26 條 (c) 規定栽培用的有機種子和營養繁殖資材須取得驗證標示。美國《有機農業法標準》（National Organic Program Standard）第 205.204 條規定有機農民栽培作物時要採用有機種子種植，除非無法購得商業有機種子，才可以以未經藥物處理也非基改的傳統種子代替。而我國《有機農業促進法》之有機農產品生產之驗證基準中也有相同的規定。

臺灣有機農業發展雖透過正式施行《有機農業促進法》而獲得較強的法律支持，然在有機種子（苗）生產技術研發上仍相對欠缺，以致法規面尚無法強制要求有機種子（苗）之使用，而生產者對於有機種子生產之可行性及經濟效益亦多持觀望懷疑態度。目前農委會種苗改良繁殖場已積極投入、建構有機種子生產技術與籌供體系之研究，未來將有助於加速臺灣有機產業鏈發展及提升與國際有機市場接軌程度，落實政府當前推動有機農業之政策。當然國內有經驗有熱誠的有機農友亦可在自己的有機農場內，測試適宜在有機栽培環境下生長的作物品種，以進一步選育有潛力、可自行留種的種子與種苗。

四、結語

有機農業為「基於生態平衡及養分循環原理，不施用化學肥料及化學農藥、基改生物及產品，進行農作、森林、水產、畜牧等農產品生產之農業」。有機農業可以減少慣行農業生產中所排放之大量溫室氣體〔如甲烷（CH_4）、二氧化碳（CO_2）及氧化亞氮（N_2O）〕，避免氣候變遷加劇。有機農業循環

施用各種有機物質，不僅降低環境污染的壓力，且增加土壤的生物多樣性及活力，亦可提升土壤有機質（有機碳）含量，促進團粒作用，增進土壤的保水及保肥能力（即具有節水及節肥的功能）。健康有活力的土壤，可以培育健壯的作物，增加農產品的產量與品質，達到維護食品安全及糧食安全的目標。

有機農業具有：降低環境壓力、避免生態失衡、減緩氣候暖化、維護人類健康、振興農村經濟等功效。發展有機農業當然是希望達到維護環境、提供安全的食品確保國民健康，讓臺灣成為各世代均能安居樂業的國家，將臺灣變成一個美麗優質又具有特色的休閒有機觀光國家，增進經濟發展，造福國人。

參考文獻

王鐘和、柯立祥、余伍洲、周瑞瑗、黃萬傳。2006。休閒有機農業的三生功能。
　　第五屆海峽兩岸科技與經濟論壇研討會。P.1-3。

行政院農業委員會農糧署—農業資材組—有機農業科。2022。有機農業促進法及
　　相關輔導措施。

EC No 834/2007. 2007. Article 12 (i). https://eur-lex.europa.eu/legal-content/EN/
　　TXT/?uri=celex%3A32007R0834#ntr1-L_2007189EN.01000101-E0001

EC No 834/2007. 2007. Article 26 (c). https://eur-lex.europa.eu/legal-content/EN/
　　TXT/?uri=celex%3A32007R0834#ntr1-L_2007189EN.01000101-E0001

John and Jonathan. 2016. Organic agriculture in the twenty-first century. *Nature Plants*,
　　2(2): 15221. doi: 10.1038/nplants.2015.221.

NOP 5029 - Seeds Final. 2013. NOP Program Handbook. 5029: 1-6. https://www.ams.
　　usda.gov/sites/default/files/media/5029.pdf

國家圖書館出版品預行編目資料

有機農業／王鐘和著. --初版. --臺北
市:五南圖書出版股份有限公司, 2023.04
　　面;　公分
ISBN 978-626-343-947-4 (平裝)

1.CST: 有機農業　2.CST: 永續發展

430.13　　　　　　　　112003941

5N55

有機農業

作　　者 ─ 王鐘和

發 行 人 ─ 楊榮川

總 經 理 ─ 楊士清

總 編 輯 ─ 楊秀麗

副總編輯 ─ 李貴年

責任編輯 ─ 何富珊

出 版 者 ─ 五南圖書出版股份有限公司

地　　址:106台北市大安區和平東路二段339號4樓

電　　話:(02)2705-5066　傳　　真:(02)2706-6100

網　　址:https://www.wunan.com.tw

電子郵件:wunan@wunan.com.tw

劃撥帳號:01068953

戶　　名:五南圖書出版股份有限公司

法律顧問　林勝安律師

出版日期　2023年4月初版一刷

定　　價　新臺幣500元

※版權所有·欲利用本書內容,必須徵求本公司同意※

五南
WU-NAN

全新官方臉書

五南讀書趣

WUNAN
Books

since1966

Facebook 按讚

1秒變文青

五南讀書趣 Wunan Books

★ 專業實用有趣
★ 搶先書籍開箱
★ 獨家優惠好康

不定期舉辦抽獎
贈書活動喔！！！

經典永恆・名著常在

五十週年的獻禮 —— 經典名著文庫

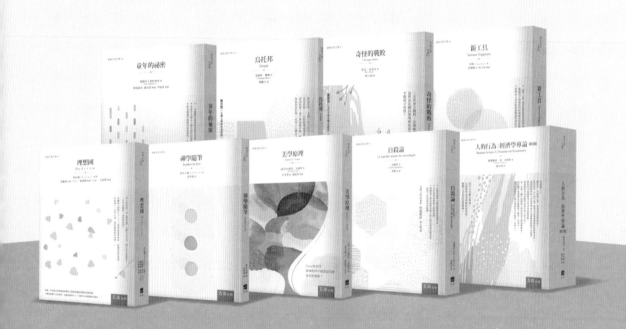

五南，五十年了，半個世紀，人生旅程的一大半，走過來了。

思索著，邁向百年的未來歷程，能為知識界、文化學術界作些什麼？

在速食文化的生態下，有什麼值得讓人雋永品味的？

歷代經典・當今名著，經過時間的洗禮，千錘百鍊，流傳至今，光芒耀人；

不僅使我們能領悟前人的智慧，同時也增深加廣我們思考的深度與視野。

我們決心投入巨資，有計畫的系統梳選，成立「經典名著文庫」，

希望收入古今中外思想性的、充滿睿智與獨見的經典、名著。

這是一項理想性的、永續性的巨大出版工程。

不在意讀者的眾寡，只考慮它的學術價值，力求完整展現先哲思想的軌跡；

為知識界開啟一片智慧之窗，營造一座百花綻放的世界文明公園，

任君遨遊、取菁吸蜜、嘉惠學子！